DeepSeek+即梦+可灵+剪映

AI短视频制作技巧大全

李婷　编著

化学工业出版社

·北京·

内 容 简 介

本书是一本系统、全面的AI短视频制作教程，为读者提供了从理论到实践的完整学习路径。随书附赠丰富的学习资源，包括14课电子教案、90条AI提示词、90多集教学视频演示、160多个素材效果文件，以及130多页PPT教学课件，全方位助力读者高效学习与实践。

本书内容围绕两条主线展开。

第1条线是工具线：系统地介绍了DeepSeek、豆包、即梦AI、可灵AI、剪映等热门AI工具的使用方法。从DeepSeek的分镜脚本生成、豆包的图生提示词，到即梦AI的视频生成技术，再到可灵AI的多图参考生成视频功能，以及剪映的AI视频剪辑功能，均有全面讲解。

第2条线是案例线：通过9个典型案例，详细演示了AI短视频制作的全流程。内容涵盖企业宣传、萌娃劳动、情感治愈、儿童成语、古人复活、重要节日、古代歌舞表演、复古短视频及3D故事立体书等不同风格和主题的案例，深入介绍具体操作方法。

本书适合影视制作、新媒体运营和数字内容创作等相关专业的学生作为教材使用，也适合影视从业者、新媒体创作者和短视频运营者等专业人士提升创作效率，还适合对AI技术感兴趣、希望探索短视频创作的爱好者自学使用。

图书在版编目(CIP)数据

DeepSeek+即梦+可灵+剪映 ： AI短视频制作技巧大全 / 李婷编著. -- 北京 ： 化学工业出版社, 2026. 1.
ISBN 978-7-122-49415-3

Ⅰ. TN948.4-39

中国国家版本馆CIP数据核字第2025T1U326号

责任编辑：郭　阳　李　辰　　封面设计：异一设计
责任校对：宋　玮　　装帧设计：盟诺文化

出版发行：化学工业出版社（北京市东城区青年湖南街13号　邮政编码100011）
印　　装：北京瑞禾彩色印刷有限公司
710mm×1000mm　1/16　印张13　字数260千字　2026年2月北京第1版第1次印刷

购书咨询：010-64518888　　售后服务：010-64518899
网　　址：http://www.cip.com.cn
凡购买本书，如有缺损质量问题，本社销售中心负责调换。

定　　价：89.00元

前　言

开启你的AI短视频创富与创意新时代

亲爱的读者朋友：

你是否曾有过这样的时刻？

- 脑海中闪过一个绝妙的视频创意，却苦于不会写脚本、不懂分镜，最终只能无奈放弃。
- 花费数小时甚至数天拍摄、剪辑，成品却反响平平，点赞寥寥，投入与回报严重失衡。
- 眼巴巴看着别人用 AI 工具轻松产出爆款，自己却迷失在众多软件中，不知从何学起、如何组合。
- 渴望通过短视频引流、涨粉、变现，却始终摸不到门道，感觉专业制作离自己遥不可及。

如果你正在经历这些困扰，那么恭喜你翻开了这本书——这绝非偶然，而是你短视频创作生涯的重要转折点！

我们深知，在这个“注意力经济”时代，短视频已成为连接世界、表达自我、实现价值的载体。然而，传统的视频制作流程对创意、技术、时间的要求之高，让无数怀揣梦想的普通人望而却步。创意枯竭、技术门槛、效率低下、效果平庸、变现困难……这些痛点，像一座座大山，横亘在梦想与现实之间。

但今天，AI 技术的爆发式发展，彻底改变了游戏规则！

DeepSeek 能快速构思精彩的文案与分镜脚本，即梦 AI 和可灵 AI 能一键将文字或图片转化为生动的视频，剪映则以其强大的 AI 剪辑能力让后期制作变得轻松高效……这些曾经科幻般的工具，如今已触手可及，并正在重塑短视频创作的生态。

然而，工具虽好，若不得其法，亦如明珠蒙尘。如何将这些强大的 AI 工具融会贯通，形成一套高效、流畅、专业的创作流水线？如何精准地驾驭提示词，让 AI 真正理解并完美地执行你的创意？如何掌握爆款视频背后的底层逻辑，让你的作品脱颖而出？这正是本书诞生的意义。这不是一本简单的工具说明书，而是一套专为渴望突破瓶颈、实现短视频梦想的你量身定制的“AI 短视频创富与创意表达系统解决方案”。

本书特色

（1）化繁为简，直击核心

我们摒弃晦涩的理论，从最基础的 AI 短视频认知、SWOT 分析入手，直击“吸睛力”“高赞誉”“疯传性”“高收益”等爆款核心要素，独家揭秘“提示词编写心法”，让你与 AI 的沟通畅通无阻，创意精准落地。

（2）四剑合璧，打通全流程

深度解析并实战演练 DeepSeek（智能文案与分镜）+ 即梦 AI/ 可灵 AI（智能视频生成与特效）+ 剪映（智能剪辑与包装）这 4 大国内顶尖 AI 工具的协同作战。你将学会如何让它们环环相扣，形成一条从“灵光一闪”到“爆款诞生”的完整、高效的生产线。

（3）实战为王，效果立现

书中精心设计的全流程爆款案例，覆盖企业宣传、萌娃日常、情感治愈、儿童教育、文化复兴、节日营销、怀旧情怀、3D 故事等最热门、最具商业价值的领域。手把手带你复制成功案例，让你亲眼见证并亲手实践，如何将天马行空的创意，一步步变成抓人眼球、引发共鸣甚至引爆流量的专业级短视频。

（4）赋能个体，梦想可及

本书的核心信念是，在 AI 的赋能下，专业级的短视频制作不再是大团队、高预算的专属。一个人，一套得心应手的 AI 工具组合，加上本书传授的系统方法与实战经验，足以让你建立起高效的“个人短视频工作室”，无论是追求个人表达、副业增收，还是品牌推广、商业变现，梦想都变得前所未有得清晰和可及。

想象一下：

- 清晨，你用一个灵感提示词唤醒 DeepSeek，一份精彩的分镜脚本已跃然于屏上。
- 午间，你将脚本和关键词输入即梦 AI，一段生动传神的视频初稿已然生成。
- 傍晚，你在剪映中轻松调用 AI 剪辑、配音、调色、加字幕，一个专业感十足、情感饱满的成品视频完美出炉。
- 发布后，点赞、评论、粉丝增长，合作邀约纷至沓来……

这绝非幻想，而是本书致力于帮你实现的日常！

告别低效的摸索，告别挫败的尝试。翻开这本书，掌握这套融合了前沿 AI 工具与实战智慧的“短视频创富与创意表达秘籍”。你收获的将不仅仅是技巧，更是突破创作瓶颈的力量、高效实现梦想的路径，以及在短视频浪潮中乘风破浪、抢占先机的核心竞争力！

现在，是时候按下你 AI 短视频创作的“加速键”了！让我们一同开启这段激动人心的创变之旅！

教学资源

本书教学资源及数量如下表所示。

教学资源及数量表

序号	教学资源	数量
1	电子教案	14 课
2	素材	29 个
3	提示词	96 条
4	效果	138 个
5	视频	96 个
6	PPT 教学课件	134 页
7	AI 电影剧本创作技巧	28 个
8	DeepSeek 生成摄影或短视频分镜文案技巧	17 个
9	AI 短视频提示词	126 组

获取方式

如果读者需要获取书中的教学资源，请使用微信“扫一扫”功能按需扫描下面的二维码即可。

扫码获取教学资源

特别提示

1. 本书涉及的软件版本：DeepSeek 手机版 1.2.3（213），豆包手机版 8.3.0，即梦 AI 手机版 1.5.3，可灵 AI 手机版 2.5.10.219，剪映手机版 16.4.0，剪映电脑版 8.3.0。

2. 本书在编写的过程中，是根据软件和工具的最新版本截取的实际操作图片，但书从编辑到出版需要一段时间，在此期间，这些工具的版本、功能和界面可能会有变动，在阅读时请根据书中的思路，举一反三，进行学习。

3. 需要注意的是，即使使用相同的提示词，AI 工具每次生成的回复和效果也会存在差别，因此在扫码观看教程时，读者应把更多的精力放在提示词的编写和实际操作步骤的学习上。

4. 由于篇幅有限，AI 工具的回复内容只展示要点，详细的回复文案，请看随书提供的完整文件。

本书由李婷编著，特别感谢进行编写整理的陈怡蓉。由于编写人员知识水平有限，书中难免有些疏漏之处，恳请广大读者批评、指正。

目 录

第 1 章　AI 短视频制作基础入门 1
1.1　快速了解AI短视频 2
1.1.1　什么是AI短视频 2
1.1.2　如何快速制作AI短视频 3
1.2　SWOT分析法，全面把握AI短视频 3
1.2.1　AI短视频的优势 3
1.2.2　AI短视频的劣势 4
1.2.3　AI短视频的机会 4
1.2.4　AI短视频的威胁 5
1.3　爆款短视频，这些制作技巧要知晓 6
1.3.1　吸睛力视频的制作技巧 6
1.3.2　高赞誉视频的制作技巧 8
1.3.3　疯传型视频的制作技巧 10
1.3.4　高收益视频的制作技巧 10
1.4　AI短视频的提示词编写技巧 12
1.4.1　根据需求编写提示词 12
1.4.2　让AI直接生成提示词 13
1.4.3　让AI仿写提示词 15
1.4.4　使用系统推荐的提示词 16
1.4.5　上传图片反推提示词 17
本章小结 18
课后实训：灵感创作 19

第 2 章　DeepSeek 分镜脚本生成 20
2.1　DeepSeek两个版本速览 21
2.1.1　手机版界面了解 21
2.1.2　网页版页面了解 22
2.2　DeepSeek主要功能操作 23
2.2.1　开启新对话 23
2.2.2　“深度思考（R1）”模式 24
2.2.3　“联网搜索”模式 26
2.3　DeepSeek生成分镜头脚本的方法 28
2.3.1　分镜头脚本是什么 28
2.3.2　分镜头脚本的基本要素 29
2.3.3　用DeepSeek生成短视频文案 30
2.3.4　用DeepSeek设计短视频分镜图 31
2.3.5　用DeepSeek制作短视频分镜表 33
本章小结 34
课后实训：DeepSeek新对话 34

第 3 章　即梦 AI 短视频的制作核心 36
3.1　即梦AI两个版本速览 37
3.1.1　手机版界面了解 37
3.1.2　网页版页面了解 38
3.2　即梦AI的视频生成技术 38
3.2.1　视频3.0模型分镜控制 39
3.2.2　给视频添加配乐 41
3.2.3　给视频添加音效 43
3.2.4　制作对口型视频 45
3.2.5　视频动作模仿 47
3.2.6　其他功能 48
本章小结 50
课后实训：对口型的温习 50

第 4 章　可灵 AI 短视频的制作要点..........52
4.1　可灵AI两个版本速览..........53
4.1.1　手机版界面了解..........53
4.1.2　网页版页面了解..........54
4.2　可灵AI的视频生成技术..........55
4.2.1　多图参考生成视频..........55
4.2.2　延长视频时长..........57
4.2.3　生成对口型视频..........58
4.2.4　上传首尾帧生成视频..........60
4.2.5　设置基本的运镜方式..........62
4.2.6　使用运动笔刷制作运镜..........67
本章小结..........76
课后实训：双面女孩..........76
第 5 章　剪映 AI 短视频的剪辑方法..........78
5.1　剪映两个版本速览..........79
5.1.1　手机版界面了解..........79
5.1.2　电脑版界面了解..........80
5.2　剪映的AI视频剪辑功能..........81
5.2.1　一键成片..........81
5.2.2　AI剪视频..........83
5.2.3　智能调色..........86
5.2.4　AI配音..........88
5.2.5　数字人..........91
5.2.6　超清视频..........96
5.2.7　AI剪口播..........98
5.2.8　AI故事成片..........100
5.2.9　AI视频翻译..........103
5.2.10　AI生成营销视频..........105
5.2.11　AI快速加字幕..........108
本章小结..........110

课后实训：一键调色 110

第 6 章　企业 LOGO AI 短视频创作：《凤舞工作室》...... 113

6.1　全流程效果展示：《凤舞工作室》...... 114

6.2　使用豆包图生提示词 114

6.3　使用即梦AI文生图片 115

6.4　使用即梦AI图生视频 117

第 7 章　萌娃劳动 AI 短视频创作：《萌娃插秧》...... 119

7.1　全流程效果展示：《萌娃插秧》...... 120

7.2　即梦AI文生图 121

7.3　即梦AI图生视频 122

7.4　剪映后期视频制作 124

7.5　剪映添加音频音效 125

第 8 章　情感治愈 AI 短视频创作：《奶奶语录》...... 131

8.1　全流程效果展示：《奶奶语录》...... 132

8.2　DeepSeek生成提示词 132

8.3　即梦AI文生图 133

8.4　即梦AI图生视频 134

8.5　剪映后期制作 135

第 9 章　儿童成语 AI 短视频创作：《知错就改》...... 139

9.1　创作前的注意事项：缺点规避，元素统一 140

9.2　全流程效果展示：《知错就改》...... 140

9.3　DeepSeek生成脚本文案 140

9.4　即梦AI文生图 141

9.5　即梦AI图生视频 143

9.6　剪映后期制作 143

第 10 章　古人复活 AI 短视频创作：《重逢今朝》...... 148

10.1　全流程效果展示：《重逢今朝》...... 149

10.2　内嵌DeepSeek生成提示词 149

10.3　即梦AI文生图 151

10.4　即梦AI首尾帧的制作 152

10.5　剪映后期制作 154

第 11 章　重要节日短视频创作：《端午安康》..156

11.1　全流程效果展示：《端午安康》.. 157

11.2　即梦AI与DeepSeek结合 157

11.3　即梦AI文生图 158

11.4　即梦AI图生视频 159

11.5　剪映后期制作 161

第 12 章　古代歌舞表演创作：《古人的才艺》..165

12.1　全流程效果展示：《古人的才艺》.. 166

12.2　即梦AI文生图 166

12.3　即梦AI图生视频 168

12.4　剪映后期制作 169

第 13 章　80 年代短视频创作：《怀旧客车》..173

13.1　全流程效果展示：《怀旧客车》.. 174

13.2　使用即梦AI以文生图 175

13.3　使用即梦AI以图生视频 177

13.4　在剪映中剪辑 178

13.5　在剪映中添加音乐 182

第 14 章　3D 故事立体书的创作：《神话故事》..184

14.1　全流程效果展示：《神话故事》.. 185

14.2　使用即梦AI以文生图 186

14.3　使用即梦AI以图生视频 188

14.4　剪映后期制作 190

第 1 章
AI 短视频制作基础入门

在信息爆炸的时代，短视频凭借其便捷性和趣味性迅速成为大众喜爱的内容形式。而 AI 技术的融入，为短视频创作带来了前所未有的变革。本章将带领大家一起走进 AI 短视频的世界，从基础入门到技巧提升，全方位探索它的魅力与价值。

1.1 快速了解AI短视频

在正式开始 AI 短视频的创作之旅之前，首先需要对其有一个清晰的认识。本节将从“什么是 AI 短视频”入手，揭开它的神秘面纱，然后进一步讲解“如何快速制作 AI 短视频”，掌握高效创作的入门方法。

1.1.1 什么是 AI 短视频

扫码看教学视频

AI 短视频是一种借助人工智能技术来辅助或主导制作的新型短视频形式。利用机器学习、深度学习等前沿技术手段，能够实现视频内容的自动生成、智能编辑及特效添加等多种功能。通过这些技术，AI 短视频不仅能够显著提高创作效率，降低人力和时间成本，还能创造出极具创意和独特视觉效果的作品，为创作者带来全新的体验和无限的可能性。图 1-1 所示为 AI 短视频的几个关键特点。

智能生成内容 → AI 可以通过分析大量的视频数据，学习其中的模式和规律，从而生成全新的视频内容。例如，输入一段文字描述或关键词，AI 可以自动生成与之相关的视频片段，甚至可以根据主题生成完整的短视频脚本

高效视频编辑 → AI 能够自动完成一些烦琐的视频编辑任务，如剪辑、调色及添加字幕等。它可以根据视频内容的节奏和情感，智能地调整剪辑点，让视频更加流畅、自然。同时，AI 还可以识别视频中的主体和场景，实现一键抠像、替换背景等功能

个性化定制 → AI 短视频可以根据用户的需求和偏好进行个性化定制。无论是风格、主题还是受众群体，AI 都能通过算法生成符合特定需求的视频内容。例如，为电商产品生成宣传视频，或者为社交媒体制作个性化的内容

降低创作门槛 → 传统的短视频制作需要专业的设备和技能，而 AI 短视频则大大降低了创作门槛。即使是初学者，也可以通过简单的操作和提示词，快速生成高质量的视频内容

图 1-1　AI 短视频的几个关键特点

1.1.2　如何快速制作 AI 短视频

扫码看教学视频

制作 AI 短视频其实并不复杂，关键在于选择合适的工具和掌握基本的操作流程。图 1-2 所示为快速制作 AI 短视频的实用步骤。

- **选择工具** → 目前市场上有许多 AI 短视频制作工具，比如即梦 AI、可灵 AI 等。这些工具通常提供简单的操作界面，即使是新手也能快速上手
- **准备素材** → 脚本：明确视频的主题和内容，然后用简洁的语言写一个脚本。如果不会写，可以使用 AI 工具自动生成
图片或视频片段：如果有现成的素材，可以直接上传到 AI 工具中
- **AI 生成视频** → 在工具中输入脚本或关键词，选择合适的风格和模板，AI 会自动帮你生成视频
如果需要，可以调整生成的视频内容，比如修改字幕、添加背景音乐等
- **后期优化** → 检查生成的视频，看看是否需要调整节奏、剪辑多余的部分，或者添加一些特效
确保视频内容流畅、自然，符合你的预期
通过以上步骤，你就能快速制作出一个 AI 短视频了

图 1-2　快速制作 AI 短视频的实用步骤

1.2　SWOT分析法，全面把握AI短视频

在对 AI 短视频有了初步了解之后，下面将通过 SWOT 分析法，全面剖析其现状与前景。SWOT 分析法是一种战略规划工具，通过分析优势、劣势、机会和威胁，帮助人们制订有效策略，优化决策。这将使创作者、企业和投资者更清晰地认识 AI 短视频的市场定位、机遇与挑战，从而更好地把握发展方向。

1.2.1　AI 短视频的优势

扫码看教学视频

AI 短视频在内容创作、效率提升和成本控制等方面表现出了显著的优势。图 1-3 所示为 AI 短视频的优势。

高效地生成内容 → AI 工具可以在短时间内生成视频脚本、剪辑视频并添加特效，大大减少了创作时间

个性化、多样化 → AI 可以根据用户的需求生成多种风格和主题的视频，满足不同场景和受众的需求

降低创作门槛 → AI 工具简化了视频制作流程，即使是初学者也能快速上手，无须专业设备和技能

节省成本 → AI 减少了对专业人员的依赖，降低了人力成本，同时生成的素材可以重复使用，从而进一步节约成本

图 1-3　AI 短视频的优势

1.2.2　AI 短视频的劣势

尽管 AI 短视频具有诸多优势，但也存在一些局限性。图 1-4 所示为 AI 短视频的劣势。

扫码看教学视频

质量参差不齐 → 虽然 AI 能够快速生成视频内容，但其生成的视频在创意和情感表达上可能不如人类创作者。AI 生成的视频有时会显得机械、生硬，缺乏深度和独特性，难以触动观众的情感

缺乏真实感 → AI 生成的虚拟人物或场景可能缺乏真实感，影响信任度和接受度

需要人工干预 → 尽管 AI 可以自动化许多视频制作流程，但在实际应用中，仍需要人工进行大量的干预和调整

技术局限性 → AI 在处理复杂场景转换和人物表情细节时可能不够精准，导致生成的视频质量不高

图 1-4　AI 短视频的劣势

1.2.3　AI 短视频的机会

AI 短视频在当前市场环境中面临诸多发展机遇。图 1-5 所示为 AI 短视频的一些机会。

扫码看教学视频

创作高效化 → AI 能够快速生成高质量内容，满足不同平台和受众的需求，尤其适合电商、教育等领域

个性化需求 → AI 可以根据用户兴趣和行为数据生成定制化内容，提升用户参与度和满意度

平台崛起 → 这些平台为 AI 短视频提供了广阔的传播渠道，有助于提升品牌知名度和影响力

降低成本 → AI 工具的普及使得视频制作更加简单和低成本，为个人创作者和中小企业提供了更多机会

商业应用拓展 → AI 短视频在广告营销、品牌推广、产品展示等方面具有广阔的应用前景，能够提升营销效果和销售转化率

创新与拓展 → 随着 AI 技术的不断发展，其功能和性能也在不断提升，为未来的发展提供了更多可能性

跨领域融合 → AI 短视频能够与教育、娱乐、医疗、旅游等多个领域深度融合，为各行业注入新的活力，带来更高效、更具创意的解决方案，拓展应用场景，创造更多价值

图 1-5　AI 短视频的一些机会

1.2.4　AI 短视频的威胁

扫码看教学视频

AI 短视频也面临着一些潜在的威胁，需要引起重视。图 1-6 所示为 AI 短视频的一些威胁。

技术替代风险 → 随着技术的快速发展，新的 AI 工具和平台不断涌现，可能会对现有工具和平台造成冲击

市场竞争加剧 → 越来越多的企业和创作者进入 AI 短视频领域，市场竞争日益激烈，创作者需要不断提升内容质量和创新能力

隐私安全问题 → AI 短视频的制作和传播可能涉及用户隐私数据的收集和使用，需要严格遵守相关法律法规

虚假信息传播 → AI 生成的视频可能被用于传播虚假信息，对社会造成不良影响，需要加强监管和审核机制

图 1-6　AI 短视频的一些威胁

1.3 爆款短视频，这些制作技巧要知晓

在了解了 AI 短视频的基础知识并进行了全面的 SWOT 分析之后，本节将进入更实用的环节——爆款短视频的制作技巧。无论是吸引眼球的视频，还是备受赞誉、广泛传播甚至带来高收益的视频，都有一些关键的制作技巧值得人们学习。

本节将为大家揭示这些技巧，帮助创作者在短视频创作中脱颖而出，赢得观众的喜爱和市场的认可。

1.3.1 吸睛力视频的制作技巧

扫码看教学视频

在短视频竞争激烈的当下，如何在几秒内抓住观众的注意力是关键。以下是几种实用的吸睛力视频制作技巧。

（1）强有力的开头（Hook）

要想让视频从海量作品中脱颖而出，开头的设置尤为关键，这就不得不提到黄金 3 秒法则。视频的前 3 秒至关重要，必须迅速抓住观众的注意力，可以用一个悬念、一个惊人的事实或一个有趣的问题开场。例如，“你绝对想不到，这个小动作竟能改变你的一生！”

视觉冲击是指使用鲜艳的色彩、独特的画面或动态效果来吸引眼球。比如，用慢动作展示一个精彩的瞬间，或者用强烈的对比色突出主体。

（2）强化视觉元素

确保视频画面清晰、稳定，避免模糊或晃动，是打造高质量画面的关键。创作者可以使用高质量的拍摄设备，或者借助 AI 工具来优化画面质量。

突出主体可以通过特写镜头、聚焦或动画效果来实现，从而让观众的注意力集中在最重要的元素上。例如，用特写镜头展示产品的细节，如图 1-7 所示。

（3）创意的标题和封面

标题是吸引观众点击视频的第一动力，运用数字、疑问句或热点话题等元素，能有效地抓住观众的眼球，如“5 个让你瞬间变美的秘诀！”这种标题就很具吸引力。

封面图作为视频的“脸面”，需要清晰、醒目且与内容相关，可通过大字体突出主题或添加引人注目的元素（如表情符号、箭头）来吸睛。

图 1-7　产品的特写镜头

（4）精准的节奏和剪辑

视频开头应保持快节奏，快速切入主题，避免冗长的铺垫，让观众能够迅速进入状态。

根据视频内容灵活调整节奏，高潮部分加快节奏，情感部分则放慢节奏，避免节奏单调。

（5）利用热点和趋势

紧跟热点话题：结合当前的热门事件或流行文化，让视频更具时效性和话题性。例如，如果最近有一部热门电影上映，可以制作相关内容；或者用挑战榜和热度最高的几个话题，如图 1-8 所示。

使用热门音乐和特效：热门的背景音乐和特效能够增加视频的吸引力。例如，使用抖音上的热门背景音乐或流行的滤镜效果。

通过以上技巧，能够让视频在众多内容中脱颖而出，迅速抓住观众的注意力，为后续的传播和互动打下良好的基础。

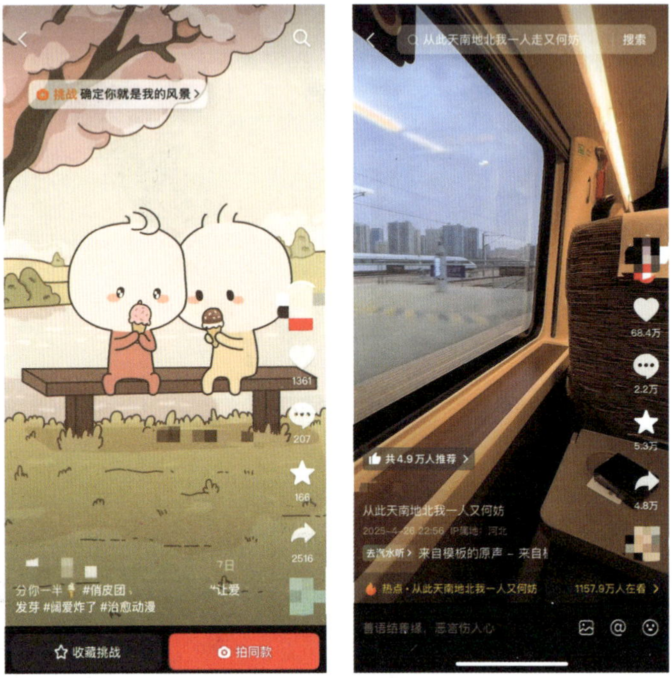

图 1-8　挑战榜和热度较高的视频

1.3.2　高赞誉视频的制作技巧

扫码看教学视频

高赞誉视频不仅能够吸引观众，还能赢得他们的认可和好评。以下是实用的制作技巧。

（1）内容质量至上

有价值的内容：确保视频内容具有实用价值，能够解决观众的问题或提供有用的信息。

深度与细节：表现深刻的主题，提供丰富的细节和独到的见解，避免表面化。

（2）精良的制作水平

高质量的画面和声音：使用高质量的拍摄设备或 AI 工具优化画面和音频质量，确保画面清晰、声音清晰无杂音。

专业剪辑：流畅的剪辑和合理的转场效果，让视频看起来更加专业。

（3）情感共鸣

真实的故事：通过真实的故事或案例引发观众的情感共鸣，让观众产生认同感。

情感表达：在视频中加入情感元素，如温暖、幽默或励志，触动观众的内心。

（4）品牌形象塑造

一致的风格：保持视频风格、色彩和音乐的一致性，塑造独特的品牌形象，如图 1-9 所示。

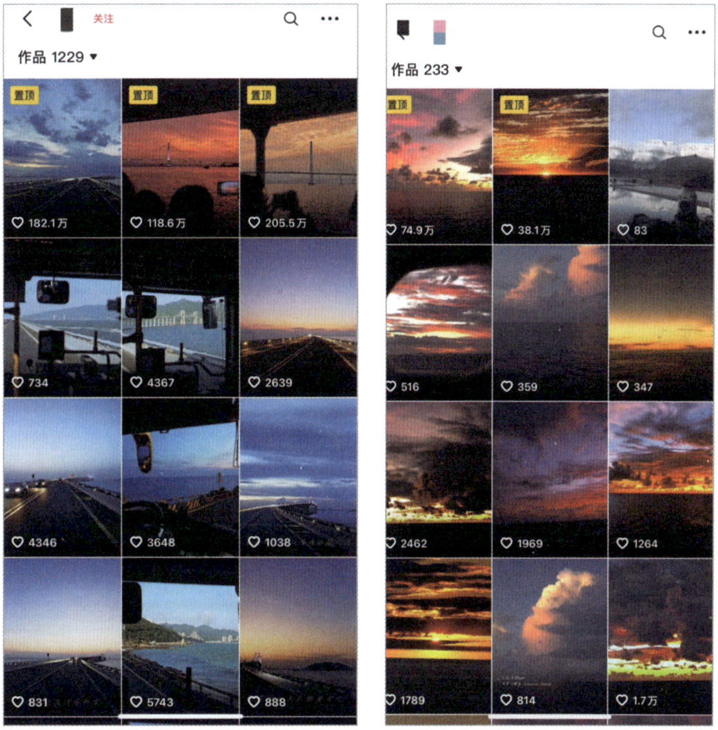

图 1-9 保持视频风格一致性

专业形象：通过高质量的内容和专业的表现，树立可信、专业的品牌形象。

（5）互动性强

鼓励观众参与：在视频中加入互动元素，如提问、投票或挑战，鼓励观众参与讨论的积极性。

及时回复评论：积极回复观众的评论和私信，增强观众的参与感和忠诚度。

（6）优化标题和描述

标题简洁明了：标题要准确传达视频的核心内容，避免夸大或误导。

详细描述：在视频描述中提供更多信息，如背景、制作过程或相关链接，方便观众了解。

通过以上技巧，你的视频不仅能够吸引观众的注意力，还能赢得他们的认可和好评，从而提升视频的影响力和传播力。

1.3.3　疯传型视频的制作技巧

扫码看教学视频

疯传型视频能够在短时间内迅速传播，吸引大量观众分享和讨论。图 1-10 所示为疯传型视频的实用制作技巧。

- 紧跟热点趋势 → 热点话题：结合当下热门事件、流行文化或社会热点，让视频更具时效性和话题性，容易引发观众共鸣和分享
- 情感驱动 → 激发强烈情感：通过幽默、感动、惊讶、愤怒等强烈情感元素，触动观众内心，促使他们主动分享视频
- 简单易懂 → 清晰表达：确保视频内容简单易懂，避免复杂和晦涩的内容，让观众能够快速理解并愿意分享
- 创意与独特性 → 新颖创意：提供独特的视角或创意，避免千篇一律的内容，让观众觉得新鲜有趣
- 吸引力 → 吸引眼球的画面：使用鲜艳的色彩、动态效果或独特的视觉元素吸引观众的注意力
热门音乐：选择热门或朗朗上口的背景音乐，增强吸引力和记忆点

图 1-10　疯传型视频的实用制作技巧

1.3.4　高收益视频的制作技巧

扫码看教学视频

制作高收益的视频需要从内容优化、推广策略、平台选择和变现方式等多方面入手。以下是几个高收益视频的制作技巧。

（1）内容优化

高质量内容：确保视频内容有趣、有价值且能引起观众共鸣。高收益的视频通常具有独特的视角、实用的信息或情感共鸣。

优化标题和封面：标题要简洁明了且包含关键词，封面要吸引眼球，这样才能提高点击率。

控制视频时长：根据内容类型控制视频时长，知识类视频可适当长一些（3 ～ 5 分钟），娱乐类视频则建议控制在 15 ～ 60 秒。

（2）推广策略

多平台分发：将视频发布到多个平台，如快手、抖音、B 站等，扩大覆盖范围，如图 1-11 所示。

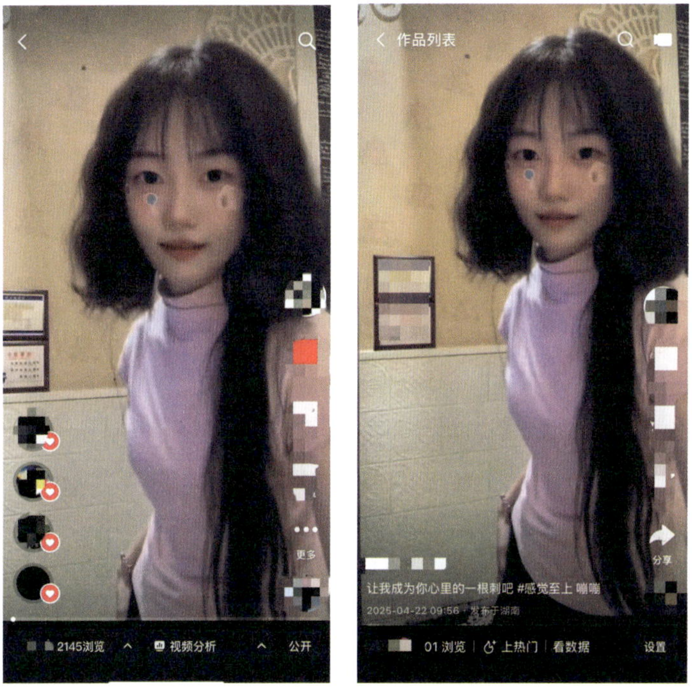

图 1-11　多平台发布同一条视频

利用社交媒体：通过社交媒体平台分享视频链接，吸引更多观众。

合作推广：与其他博主或品牌合作，共同制作和推广视频，增加曝光度。

（3）变现方式

广告收入：加入平台的合作伙伴计划，通过视频广告获得收益。

电商合作：通过视频推广产品或服务，与品牌合作制作广告视频。

粉丝互动与打赏：通过互动环节增加粉丝黏性，吸引粉丝打赏。

（4）数据分析

监测关键指标：利用数据分析工具监测视频的播放量、点赞量及评论数等关键指标。

优化内容方向：根据数据分析结果，了解观众的喜好，调整内容策略。

通过以上技巧，可以有效提升视频的收益潜力，增强内容的吸引力和传播力。

1.4 AI短视频的提示词编写技巧

提示词是 AI 创作的核心，它直接影响生成内容的质量和效果。本节将介绍编写提示词的多种技巧，帮助创作者更好地与 AI 工具沟通，从而制作出更符合需求的短视频。

1.4.1 根据需求编写提示词

扫码看教学视频

在生成 AI 短视频的过程中，提示词直接影响生成内容的质量，需兼顾画面细节、逻辑连贯性、情感表达。

根据需求编写提示词，是指在制作 AI 短视频的过程中，创作者根据视频的主题、风格、目标观众，以及想要传达的情感或信息，有针对性地编写出与视频内容紧密相关的提示词。这些提示词将作为 AI 生成视频内容的重要参考，帮助 AI 理解并准确呈现出创作者所期望的视觉效果和故事情节。

之所以要根据需求编写提示词，是因为每个短视频都有其独特的主题和风格，而 AI 虽然强大，但也需要明确的指导来生成符合预期的内容。通过编写提示词，创作者可以清晰地表达出自己的创作意图，确保 AI 生成的视频内容能够紧密围绕主题展开，同时符合目标观众的审美和喜好。

创作者可以根据不同的主题和风格编写不同的提示词，实现多样化的创作需求。此外，提示词还有助于提升视频的情感表达和意境营造，使视频更加生动、有趣且引人入胜。

以“湖边的一片粉色花海，唯美，浪漫，高清，意境美”为例，这是一组描述性极强的提示词，它们共同构成了一个清晰而具体的创作意图，相关分析如下。

① 湖边　这个提示词明确了短视频的场景空间，即湖边的一片区域。它引导 AI 在生成视频时，将背景设定为湖边的自然环境，营造出一种宁静而悠远的氛围。

② 一片粉色花海　这个提示词具体描述了视频中的主要表现物，即一片盛开的粉色的花。花的出现使短视频充满了生机和活力。同时，“一片”这个量词也强调了花海的广阔和壮观，使短视频效果更具视觉冲击力。

③ 唯美　这个提示词强调了短视频的情感色彩和审美风格。它要求 AI 在生成短视频时，注重画面的美感和情感的表达，使短视频呈现出一种温馨、浪漫而又不失优雅的氛围。

④ 浪漫　与“唯美”相呼应，这个提示词进一步明确了短视频的情感基调。

它要求 AI 在生成短视频时，注重营造浪漫的氛围和情感共鸣，使观众在观看短视频时能够感受到一种甜蜜和温馨的情感体验。

⑤ 高清　这个提示词强调了短视频的画质。它要求 AI 在生成短视频时，注重画面的清晰度和细节表现，使短视频呈现出一种细腻而真实的视觉效果。

⑥ 意境美　这个提示词是对前面所有提示词的一个总结和升华。它要求 AI 在生成短视频时，不仅要注重画面的美感和情感的表达，还要注重营造出一种深远的意境美，使观众在观看短视频时能够感受到一种超越画面本身的情感体验和审美享受。

基于这一组提示词，AI 系统可以生成一段以湖边粉色花海为主要内容，充满唯美、浪漫氛围的高清短视频，通过细腻的镜头语言和情感表达，将观众带入一个充满诗意和梦幻的世界，视频效果如图 1-12 所示。

图 1-12　视频效果

1.4.2　让 AI 直接生成提示词

扫码看教学视频

让 AI 生成提示词，是指利用人工智能技术，通过特定的算法和模型，让 AI 根据创作者输入的关键词、主题或描述性信息，自动生成一系列与短视频内容相关的提示词。这些提示词旨在引导 AI 更准确地理解创作者的意图，从而生成符合创作者期望的短视频内容。

采用让 AI 直接生成提示词的方法，主要是因为 AI 技术能够高效地处理和分析大量数据，从中提取出与短视频内容相关的关键信息和特征。这种方法可以极大地节省创作者编写提示词的时间和精力，同时提高提示词的准确性和多样性。

此外，随着 AI 技术的不断进步，生成的提示词质量也在不断提升，能够更好地满足创作者的需求，而且 AI 技术能够挖掘出创作者可能未考虑到的关联信息，为短视频内容注入新的创意和灵感。

目前，即梦 AI 和可灵 AI 都接入了 DeepSeek-R1 模型，可以自动生成提示词。

例如，创作者想要制作一段主题为“日落延时”的短视频，但不知道如何编写提示词。创作者可以利用 AI 编写提示词。下面以即梦 AI 为例，介绍具体的操作方法。

步骤 01 打开即梦 AI 手机版，❶ 点击“想象”按钮，进入“想象”界面；❷ 点击按钮，如图 1-13 所示。

步骤 02 展开相应的列表，选择“视频生成”选项，如图 1-14 所示。

步骤 03 弹出相应的面板，点击 DeepSeek-R1 按钮，如图 1-15 所示。

图 1-13　点击按钮

图 1-14　选择“视频生成”选项

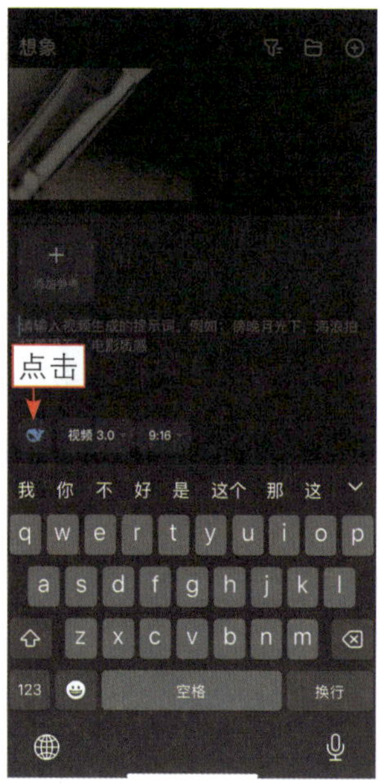

图 1-15　点击 DeepSeek-R1 按钮

步骤 04 进入 DeepSeek-R1 界面，❶ 在输入框中输入“帮我写一段关于春天鲜花盛开的视频提示词”；❷ 点击发送按钮，如图 1-16 所示。

步骤 05 稍等片刻，即可生成相应的提示词文案，点击重新生成按钮，如图 1-17 所示。

步骤 06 即可重新生成一段文案，点击复制按钮，可以复制提示词，如图 1-18 所示。

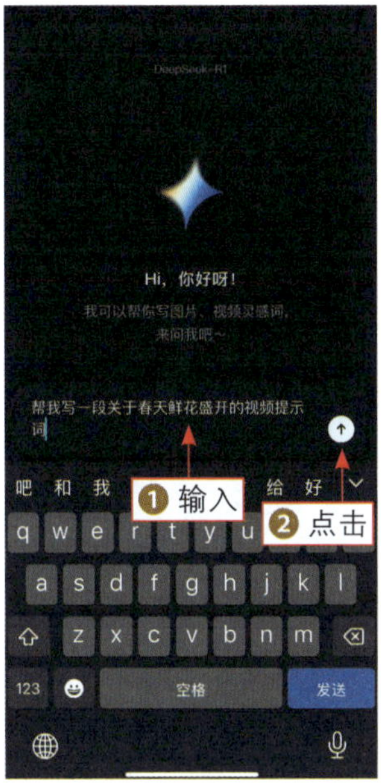

图 1-16　点击发送按钮

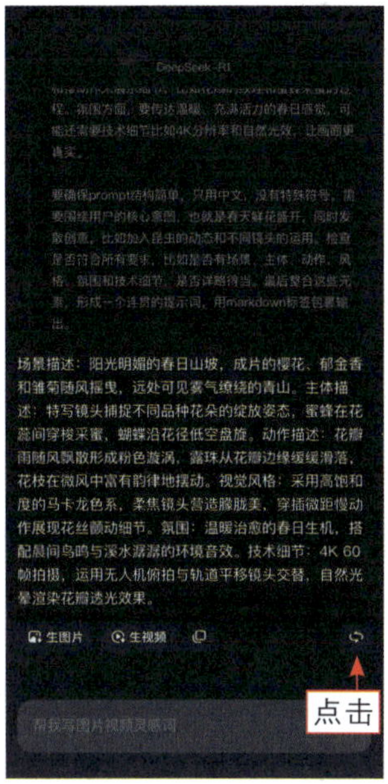

图 1-17　点击重新生成按钮

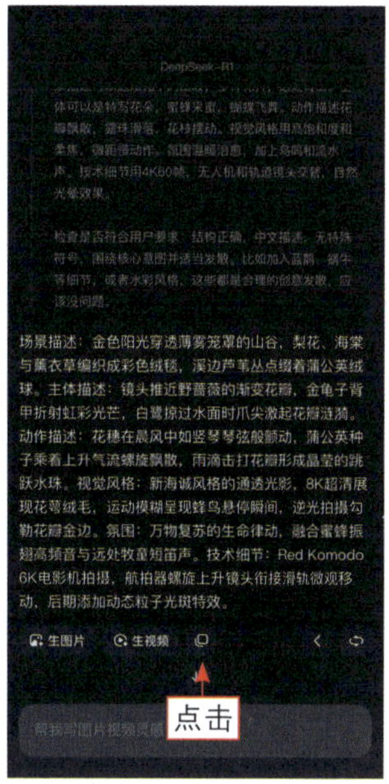

图 1-18　点击复制按钮

☆ 专家提醒

创作者可以多次点击重新生成按钮，直到生成的结果符合需求为止。

1.4.3　让 AI 仿写提示词

扫码看教学视频

让 AI 仿写提示词，是指利用人工智能技术，根据给定的原始提示词或文本内容，自动生成与之相似或具有相同意图的新提示词。AI 通过理解和分析原始提示词的语言特征、语境及潜在意图，能够创作出既符合语法规则又贴近原始风格的新提示词，从而极大地丰富内容创作的多样性和效率。

让 AI 仿写提示词不仅带来了高效和多元化的创作，还能保持提示词风格的一致性。在仿写的过程中，AI 能够分析并模仿给定文本或提示词的风格，无论是正式、幽默、温馨还是其他任何风格，AI 都能保持一致性，使得生成的提示词与原始内容在风格上高度统一。

例如，在 DeepSeek 的对话界面中输入并发送提示词，即可获得 AI 仿写的 3 段提示词文案，相关提示词和回复内容如下。

步骤 01 打开 DeepSeek 手机版，点击输入框，如图 1-19 所示。

步骤 02 ❶ 在输入框中输入提示词；❷ 点击发送按钮，如图 1-20 所示。

步骤 03 稍等片刻，即可生成相应的提示词文案，❶ 长按文案；❷ 在弹出的列表框中选择“复制”选项，如图 1-21 所示，即可复制文案。

图 1-19　点击输入框

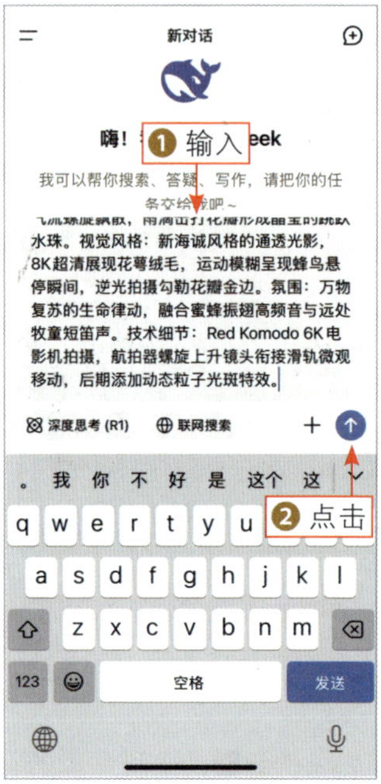

图 1-20　点击发送按钮

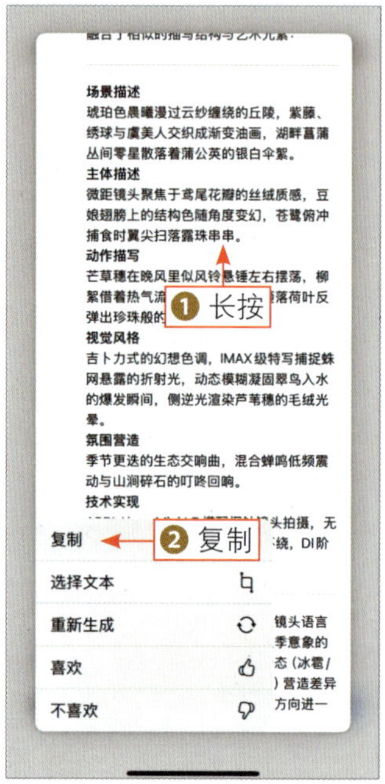

图 1-21　选择“复制”选项

☆ 专家提醒

AI 仿写的提示词还需多检查，因为 AI 生成的内容虽然高效，但可能存在逻辑不通、语句生硬或不符合语境等问题。例如，AI 可能会误解提示词的意图，导致生成的内容偏离主题。此外，AI 生成的文本有时会缺乏人类创作者的细腻情感和独特创意。因此，在使用 AI 仿写的提示词时，务必仔细检查和修改，确保生成的内容准确、自然且符合创作者的创作意图。

1.4.4　使用系统推荐的提示词

扫码看教学视频

在可灵 AI 和通义万相等 AI 短视频生成工具中，系统会推荐一些提示词，以供创作者更快、更轻松地体验短视频生成的乐趣。这些提示词往往基于广泛的数据分析，能够反映出当前市场的热点和趋势，有助于提升短视频的曝光度和创作者的参与度。

使用系统推荐的提示词能够节省创作者的时间和精力，避免从零开始构思提示词的烦琐过程。下面以可灵 AI 为例，介绍使用系统推荐的随机提示词的具体操作方法。

步骤 01 打开可灵 AI 手机版，进入可灵 AI 的“首页”界面，点击“文生视频”按钮，如图 1-22 所示。

步骤 02 进入“文生视频”界面，点击“随机”按钮，如图 1-23 所示。

步骤 03 稍等片刻，即可生成相应的提示词文案，如图 1-24 所示。如果对文案满意，就可以使用文案直接生成视频；如果对文案不满意，可以再次点击“随机”按钮，生成文案。

图 1-22　点击“文生视频”按钮

图 1-23　点击“随机”按钮

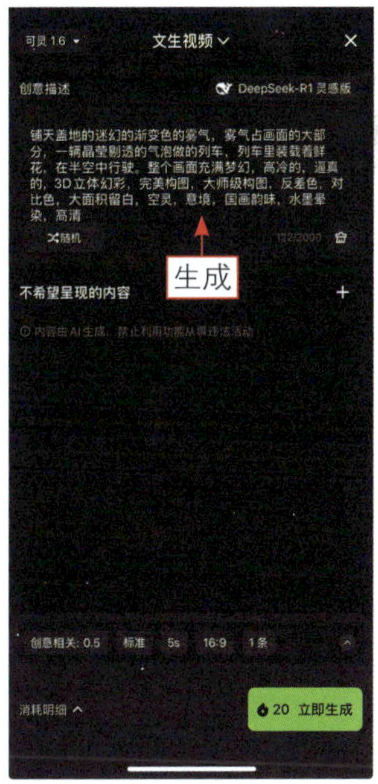

图 1-24　生成相应的提示词文案

☆ 专家提醒

随机生成的内容可能不是创作者想要的，所以需要对 AI 生成的提示词进行仔细检查和修改，以确保其符合创作者的具体需求和创作意图。

1.4.5　上传图片反推提示词

扫码看教学视频

豆包的上传图片反推提示词功能允许创作者通过上传图片，让 AI 分析图像内容并生成相关的提示词。这不仅为创作者提供了新的启发，还能帮助创作者更精准地表达需求，提升创作效率。

下面介绍在豆包中上传图片反推提示词的操作方法。

步骤 01 打开豆包手机版，进入豆包的“首页”界面，点击添加按钮⊕，选择一张照片素材，如图 1-25 所示。

步骤 02 在照片素材下方的输入框中输入相应的提示词，如图 1-26 所示，指导 AI 生成相关内容；点击发送按钮，发送提示词。

步骤 03 稍等片刻，即可生成相应的提示词，如图 1-27 所示。如果对提示词不满意，可以点击提示词下方的重新生成按钮，再次生成提示词。

图 1-25　选择照片素材

图 1-26　输入相应的提示词

图 1-27　生成相应的提示词文案

☆ 专家提醒

创作者可以利用 AI 反推图片提示词，实现从文字生成视频或从图片生成视频，制作出具有相同效果的 AI 视频。

本章小结

本章先讲 AI 短视频的基础知识和快速制作短视频方法，帮助创作者初步了解 AI 短视频；接着通过 SWOT 分析法，剖析其优势、劣势、机会和威胁；最后讲解爆款短视频的制作技巧和 AI 短视频的提示词编写方法。

课后实训：灵感创作

扫码看教学视频

在即梦 AI、可灵 AI 等 AI 短视频或图片生成工具中，首页一般会展示其他创作者生成和发布的 AI 效果，这些 AI 效果可以作为模板，供创作者学习和尝试生成 AI 短视频。另外，系统提供的制作同款功能，可以让创作者一键使用模板中的提示词和参数进行生成。不过，如果创作者要借助模板进行生成，最好对模板中的提示词进行改写，让生成的效果与模板效果有所差异。

下面以即梦 AI 为例，介绍改写模板提示词的具体操作方法。

步骤 01 打开即梦 AI 手机版，❶ 点击底部的“灵感”按钮；❷ 切换至“萌宠”选项卡；❸ 选择一个图片模板，如图 1-28 所示。

步骤 02 进入相应的界面，点击“创作信息”按钮，如图 1-29 所示。

步骤 03 弹出相应的面板，显示了相应的提示词。修改提示词文案，把“小白猫”换成“小白狗”，即可修改模板中的提示词，如图 1-30 所示。

图 1-28　选择一个图片模板

图 1-29　点击“创作信息”按钮

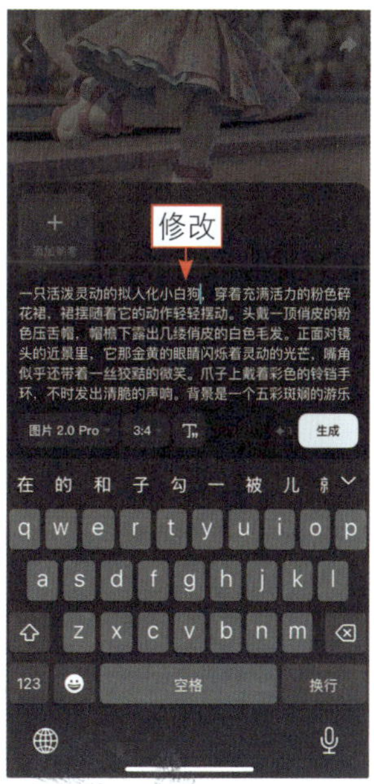

图 1-30　修改模板中的提示词

第 2 章 DeepSeek 分镜脚本生成

本章将深入介绍 DeepSeek 这款 AI 工具。先从其手机版和网页版界面入手，了解不同版本的特点。接着探索 DeepSeek 的主要功能，包括开启新对话、深度思考模式、联网搜索模式等。最后，重点讲解如何用 DeepSeek 生成分镜头脚本，涵盖其基本要素及制作方法。

2.1　DeepSeek两个版本速览

DeepSeek 手机版与网页版依托不同终端的硬件优势，为创作者带来了差异化的交互体验。无论是移动界面的便捷、高效，还是电脑布局的丰富多元，尽显 DeepSeek 多端适配匠心。本节从界面细节入手，深入对比这两个版本的特色与优势。

2.1.1　手机版界面了解

扫码看教学视频

手机版为 DeepSeek App，其界面简洁直观，功能十分强大，用户可通过输入文字、上传附件、上传图片或拍照等方式与 AI 进行互动，获取知识问答、文本创作等服务，其界面如图 2-1 所示。

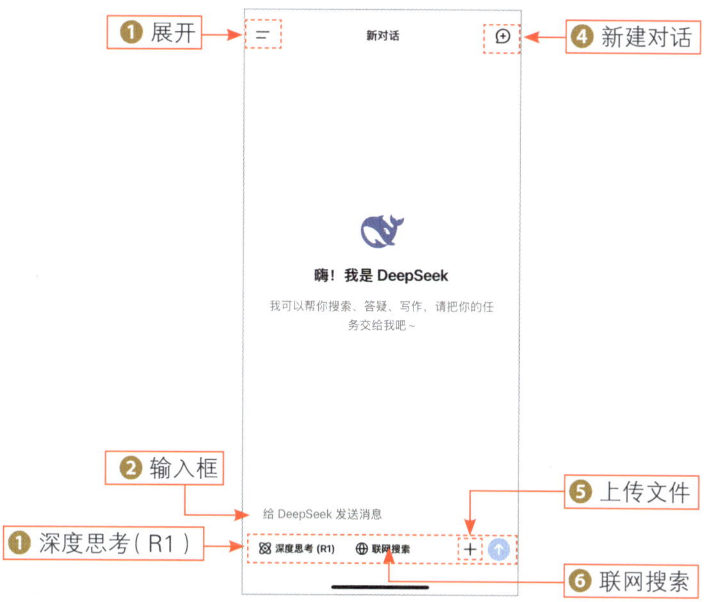

图 2-1　DeepSeek 手机版界面

下面对 DeepSeek App 界面中的各主要功能进行具体讲解。

❶ 展开〓：点击该按钮，即可展开最近 7 天内的对话记录和用户信息。

❷ 输入框：用户可以在这里输入提示词，以获得 DeepSeek 的回复。

❸ 深度思考（R1）：点击该按钮，打开“深度思考”模式，当用户向 DeepSeek 提问时，可以观察如何逐步分析并解答问题，有助于增加答案的透明度和可信度。

❹ 新建对话⊕：点击该按钮，会新建一个对话窗口，用户可以与 AI 讨论新

的话题或让 AI 重新对上一个话题进行回复。

❺ 上传文件＋：点击该按钮，会弹出相应的面板。用户可以点击“拍照识文字”“图片识文字”“文件”按钮，要求 DeepSeek 识别出其中的文字信息。

❻ 联网搜索：点击该按钮，即可打开“联网搜索”模式，在此状态下，DeepSeek 能够搜索实时信息，快速整合并给出详尽的回答，同时提供信息来源，确保对话的丰富性和准确性。

2.1.2　网页版页面了解

扫码看教学视频

DeepSeek 网页版页面功能丰富且布局清晰，页面中的各主要功能如图 2-2 所示。

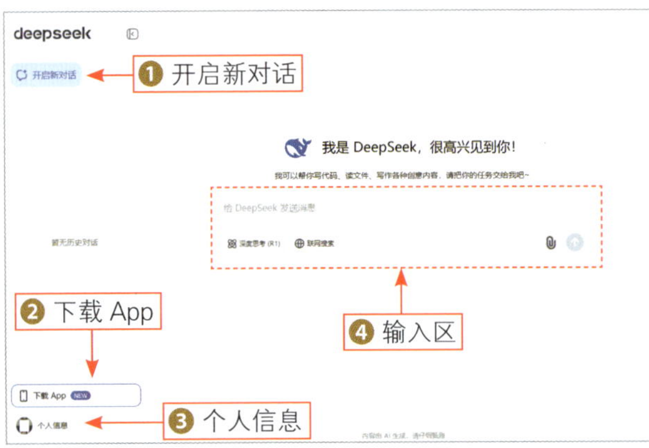

图 2-2　DeepSeek 网页版中的各主要功能

通过精准的数据分析和智能推理，DeepSeek 能够为创作者提供更为个性化和高效的服务。下面对 DeepSeek 页面中的各主要功能进行相关讲解。

❶ 开启新对话：单击该按钮，能为创作者开启一个全新的、独立的对话窗口。

❷ 下载 App：单击该按钮，即可弹出一个二维码，使用手机扫描该二维码，即可下载 DeepSeek 手机版。

❸ 个人信息：单击该按钮，即可弹出相应的面板，其中包括“系统设置”“删除所有对话”“联系我们”“退出登录”4 个按钮，用户可根据需要进行设置。

❹ 输入区：该区域包括输入框、“深度思考”和“联网搜索”3 个部分。其中，输入框是创作者输入文字提示词的位置；“深度思考（R1）”模式在逻辑推理和复杂问题处理方面表现出色，能够深入剖析问题的本质并给出有价值的解决方案；“联网搜索”模式，能够搜索实时信息，快速整合所有信息并给出详尽的回答。

2.2　DeepSeek主要功能操作

本节将介绍如何开启新对话，进入新一轮的智能交互。接着介绍“深度思考”模式，通过特定的提示词激发AI的深度分析能力。然后介绍“联网搜索”模式，拓宽信息获取渠道。最后，探索上传图片反推提示词的功能，将图像内容转化为文字描述。这些功能将帮助大家更高效地利用DeepSeek进行创作和学习。

2.2.1　开启新对话

扫码看教学视频

DeepSeek手机版的核心之一是其对话模式。在此模式下，创作者通过输入问题或任务，启动新的对话。DeepSeek将基于其强大的自然语言处理能力，快速理解用户的需求，并提供精准的解答和建议。下面介绍开启DeepSeek新对话的操作方法。

步骤 01 打开DeepSeek，点击“开启新对话”按钮，如图2-3所示。

步骤 02 在下方的输入框中，输入相应的提示词，用于指导AI生成特定的内容，如图2-4所示。

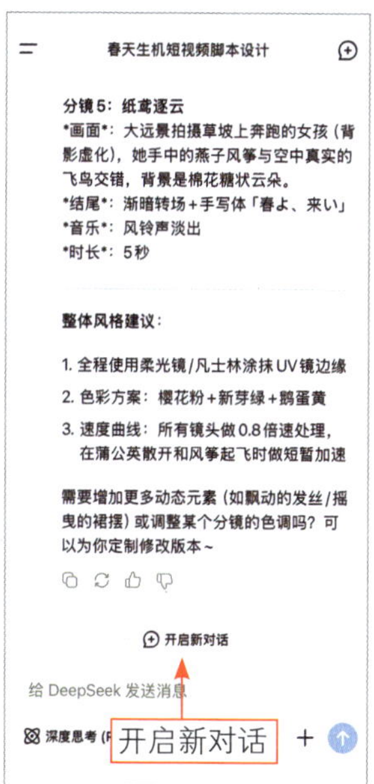

图2-3　点击“开启新对话”按钮

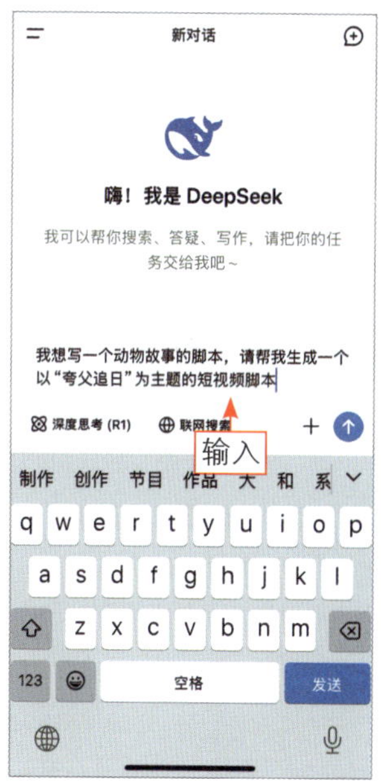

图2-4　输入相应的提示词

步骤 03 点击发送按钮，DeepSeek即可根据提示词生成相应的内容，具体如下。

DeepSeek

以下是一个以“夸父追日”为灵感改编的动物寓言短视频脚本，主题聚焦“坚持与自我认知”，适合3～5分钟的动画或实拍+CGI（计算机生成图像）结合的形式。

标题：《逐日之狐》

主题：

真正的勇气不是追逐遥不可及的太阳，而是守护触手可及的温暖

角色：

……

☆ **专家提醒**

因为本书篇幅原因，AI 工具回复的内容只展示部分要点，详细的回复内容，请看随书提供的完整效果文件。

扫码看教学视频

2.2.2 “深度思考（R1）”模式

DeepSeek 的“深度思考（R1）”模式能够对给定的问题进行多维度、多层次、系统性的分析和推理，不会仅仅提供一个表面的答案。下面介绍使用 DeepSeek“深度思考（R1）”模式的操作方法。

步骤 01 开启一个新的对话，点击输入区中的“深度思考（R1）”按钮，如图 2-5 所示，开启后，该按钮会变成蓝色。

图 2-5　点击“深度思考（R1）”按钮

步骤 02 在输入框中输入相应的提示词，用于指导 AI 生成特定的内容，点击发送按钮 ，DeepSeek 即可根据提示词生成相应的内容，相关提示词和回复如下。

提问

我想拍摄一部电影，帮我生成一个生活题材的电影脚本。

DeepSeek

以下是为您原创的生活题材电影剧本框架《碎镜重圆》，包含现实主义风格与情感张力，适合中小成本制作。

片名：《碎镜重圆》
类型：家庭/成长/现实寓言
核心意象：贯穿全片的破碎鱼缸（象征失衡的生活）与最后出现的完整鱼缸投影（象征心灵的重建）
第一幕：失衡（30分钟）
1. 开场镜头（2分钟）
手持镜头跟随37岁的灯具店老板陈建民穿过堆满库存的走廊，收音机播放着《经济寒冬下的实体店困局》
特写：他麻木地重复安装同款吊灯，墙上全家福里的笑容与此刻阴郁面容形成对比
2.冲突引爆（8分钟）
妻子林淑娟在晚餐时平静地提出离婚："女儿中考前需要稳定的环境。"
女儿陈小雨在房间用手机拍摄短视频："今天爸妈又假装没吵架。"
交叉剪辑：陈建民深夜在仓库醉酒打碎鱼缸，金鱼在碎玻璃中挣扎。
第二幕：坠落（50分钟）
3.支线交织（15分钟）
淑娟成为社区助老志愿者，照顾独居的退休语文教师周老太。
……

"深度思考（R1）"模式的基本特点如下。

① 思维过程展示　不仅提供问题的答案，还详尽地展示思考的全过程，使用户能够清晰地洞察"机器的思考方式"，如图 2-6 所示。

图 2-6　显示 DeepSeek 的思考过程

☆ 专家提醒

无论是极具挑战性的奥数难题，还是日常生活中常见的常识性问题，DeepSeek都能凭借其强大的分析能力和深度挖掘功能，呈现出一个完整且系统的分析论证体系。它能够从海量的信息中筛选出关键数据，运用先进的算法和逻辑推理，将复杂的问题逐步分解，从多个角度进行剖析，并最终形成一个有理有据、条理清晰的结论。

无论是数学领域的抽象思维，还是生活场景中的实际应用，DeepSeek都能展现出其卓越的分析能力，帮助人们更好地理解问题本质，找到有效的解决方案。

② 复杂问题处理　在应对复杂的逻辑推理、数据分析及编程挑战时表现出卓越的能力，能够从多角度全面审视问题。

③ 类人推理机制　具备类似人类的推理模式，如自我质疑、回溯思考、不断假设验证等。在遭遇困惑时，甚至会“暂停”思考，展现出“紧张”等情绪反应。

2.2.3　“联网搜索”模式

扫码看教学视频

DeepSeek 能够利用最新的在线数据来提供答案，这不仅提高了答复的精确度，也保证了信息的新鲜度和相关性。在处理查询任务时，DeepSeek 会综合考量多个信息源，从中挑选最恰当的内容，以满足用户的查询需求。下面介绍使用 DeepSeek“联网搜索”模式的操作方法。

步骤 01 开启一个新的对话，点击输入区中的“联网搜索”按钮，如图 2-7 所示。

图 2-7　点击“联网搜索”按钮

步骤 02 在输入框中输入相应的提示词，用于指导 AI 生成特定的内容，点击发送按钮，DeepSeek 即可根据提示词生成相应的内容，相关提示词和回复如下。

提问

帮我查看AI生成短剧脚本在如今的趋势。

DeepSeek

AI生成短剧脚本在当前呈现出快速发展的态势，主要体现在以下几个方面：

1. AI技术提升短剧创作效率

自动生成剧本：AI可以通过自然语言处理（NLP）技术，根据关键词快速生成剧情大纲、角色设定和对话，大幅缩短创作周期。例如，输入“古风、甜宠、穿越”等关键词，AI可自动生成符合市场需求的剧本。

批量生产内容：AI可同时生成多个不同风格的剧本，满足短视频平台高频更新的需求，提高内容产量。

优化剧情逻辑：AI能自动调整剧情节奏，增强戏剧冲突，优化台词，提高剧本的连贯性和吸引力。

2. AI短剧的商业化应用

低成本制作：相比传统短剧需要编剧、演员、场地等资源，AI短剧可大幅降低成本。例如，使用AI换脸、AI配音等技术，单人即可完成短剧制作。

变现模式多样化：AI短剧可通过平台流量分成、广告植入、私域卖课、小说推文等方式盈利。部分创作者通过AI短剧矩阵账号实现月入数万元。

出海市场拓展：AI可帮助克服语言障碍，生成符合海外市场的剧本，降低了短剧出海的制作门槛。

3. 行业趋势：AI+人类协作

AI作为辅助工具：目前AI生成的剧本仍需要人工优化，以弥补其在情感深度和创新性上的不足。未来，AI将与人类编剧深度协作，提高创作质量。

个性化定制：AI可能发展出根据用户兴趣定制短剧的能力，甚至让观众选择剧情走向，增强互动性。

……

☆ 专家提醒

在使用 DeepSeek 时，不建议同时启用“联网搜索”模式与“深度思考（R1）”模式。这两种模式运行机制有别，同时开启易引发数据调用及运算冲突，进而导致软件卡顿，极大地影响使用体验与运行效率。

另外，向 DeepSeek 提问时，清晰、具体是关键。模糊或不完整的表述，如“讲讲科技发展”，会让模型难以抓取重点，给出的回答往往宽泛、缺乏针对性。相反，像“阐述近 5 年内，人工智能在医疗影像诊断领域的重大突破及应用实例”这般精准提问，明确了时间范围、技术领域及应用方向，模型便能依据自身算法与数据储备，快速且精准地检索、整合相关信息，给出更贴合需求的优质答案。

2.3 DeepSeek生成分镜头脚本的方法

分镜头脚本是视频制作不可或缺的重要环节，它能够帮助创作者清晰地规划视频内容和拍摄流程。本节将从分镜头脚本的定义和基本要素入手，逐步介绍如何使用 DeepSeek 生成分镜头脚本、设计分镜图及制作分镜表。通过这些方法，创作者可以更高效地将创意转化为具体的视频制作方案。

2.3.1 分镜头脚本是什么

扫码看教学视频

分镜头脚本是用户拍摄短视频的主要依据，能够提前统筹安排好短视频拍摄过程中的所有事项，如什么时候拍、用什么设备拍、拍什么背景、拍谁及怎么拍等。传统的分镜头脚本是为拍摄服务的，而现在随着 AI 视频工具的兴起，是为了让 AI 视频工具更好地生成连续的分镜画面。表 2-1 所示为一个简单的短视频分镜头脚本模板。

表 2-1　一个简单的短视频分镜头脚本模板

镜号	景别	运镜	画面	设备	备注
1	远景	固定镜头	在天桥上俯拍城市中的车流	手机广角镜头	延时摄影
2	全景	跟随运镜	拍摄主角从天桥上走过的画面	手持稳定器	慢镜头
3	近景	上升运镜	从人物手部拍到头部	手持拍摄	
4	特写	固定镜头	人物脸上露出开心的表情	三脚架	
5	中景	跟随运镜	拍摄人物走下天桥楼梯的画面	手持稳定器	
6	全景	固定镜头	拍摄人物与朋友见面问候的场景	三脚架	
7	近景	固定镜头	拍摄两人手牵手的温馨画面	三脚架	后期背景虚化
8	中景	跟随运镜	拍摄两人手牵手前行的画面	手持稳定器	从背面跟随
9	远景	固定镜头	拍摄两人走向街道远处的画面	三脚架	要有欢快的背景音乐

在短视频创作中，分镜头脚本是团队协作的核心指引。摄影师、演员、道具师、化妆师及剪辑师等所有参与前期拍摄和后期剪辑的人员，均需严格依照脚本

规划执行——摄影师按景别运镜捕捉画面，演员依角色设定演绎情节，道具与化妆从细节处强化场景质感，剪辑师则以脚本为框架串联素材，确保作品从拍摄到成片始终保持统一的创意与节奏。

如果短视频没有分镜头脚本，就很容易出现各种问题，如拍到一半发现场景不合适，或者道具没准备好，又或者演员少了、镜头拍漏了，这时候就需要花费大量时间和资金去重新安排和做准备。因此，创作者在设计分镜头脚本的时候，还要做好拍摄规划。

2.3.2　分镜头脚本的基本要素

扫码看教学视频

在策划短视频脚本的过程中，创作者需要认真地设计每一个镜头，这样才能让视频画面传达出视频的主题，展现创作者想要表达的内容。下面主要从 6 个基本要素来介绍短视频脚本的策划，如图 2-8 所示。

景别	在拍摄短视频的分镜头时，具体选择哪种镜头景别，如远景、全景、中景、近景、特写等，可以交替使用各种不同的景别，增强短视频的艺术感染力
内容	内容就是创作者想要通过短视频表达的东西，可以将内容拆分成一个个小片段，放到不同的镜头里面，通过不同的场景和方式将其呈现出来
台词	台词是指短视频中人物所说的话，具有传递信息、刻画人物和体现主题的功能，短视频的台词设计以简洁为主，否则观众听起来会觉得很累、很难理解
时长	每个镜头的时间长度要提前预估好，同时对于剧情的转折或反转的时间要标注好，方便后期人员快速剪辑出重点内容，从而提升剪辑效率
运镜	运镜方式有推、拉、移、摇、跟等，创作者在实际拍摄时可以将其进行组合运用，让镜头看上去更加丰富、酷炫，画面更有动感
道具	道具是作为辅助物品使用的，要能够做到画龙点睛，切不可画蛇添足，让道具抢了主体的光。道具还需要贴合视频的主题，不能出现穿帮的现象

图 2-8　分镜头脚本的基本要素

在设计分镜头的时候，这 6 个基本要素并不是都能用到，但是内容和景别是必备的要素。比如，在拍摄固定镜头的时候，运镜方式可能就用得少；在一些拍摄自然风光的镜头中，道具用得也不多。

2.3.3 用 DeepSeek 生成短视频文案

扫码看教学视频

文案是短视频的灵魂，它不仅决定了视频要表达的内容，还直接影响观众的观看体验。通过 DeepSeek，创作者可以借助 AI 的强大语言生成能力，快速生成高质量、富有吸引力的短视频文案。无论是创意概念、情感表达还是信息传递，DeepSeek 都能帮助你精准地实现目标。

下面介绍使用 DeepSeek 生成短视频文案的操作方法。

打开 DeepSeek，开启一个新的对话，在下方的输入框中输入相应的提示词，用于指导 AI 生成特定的内容，点击发送按钮，DeepSeek 即可根据提示词生成相应的内容，相关提示词和回复如下。

提问

帮我撰写一段短视频文案，视频的主题为“美食的奥秘”，要求如下：
……（具体见提示词文档）

DeepSeek

短视频文案：《美食的奥秘——为什么这5种食物让你欲罢不能？》
【开头悬念+数字冲击】
“你知道吗？90%的人根本不懂‘好吃’背后的科学秘密！为什么薯片一吃就停不下来？为什么火锅让人上瘾？今天，揭开5种致命美味背后的真相！”
【强烈的形容词+冲突对比】
“普通人的舌头只能尝到‘酸甜苦咸’，但顶级吃货却能吃出‘鲜味炸弹’‘油脂狂欢’。”
“你吃的不是食物，是大脑的陷阱！”
【情景故事+代入感】
“凌晨2点，你又一次打开了外卖App……（画面：深夜手机亮起）这不是你的错！美食科学家发现：脆、糯、爆浆的口感，早被精心设计成‘××配方’！”
【热门关键词+挑战】
“反套路美食吃货冷知识，敢挑战吗？看完这个视频，你能抵抗第3种食物的诱惑算我输！”
【解决方案+惊喜结局】
“但别慌！揭秘‘美味陷阱’的同时，我们找到了3招破解法——让你吃得聪明，快乐不胖！点击解锁美食界的终极奥秘！”

【引导互动】
"你最难戒掉哪种'罪恶美食'？评论区晒出你的'克星'，点赞超1万，下期曝光米其林主厨绝不外传的控味秘方！"
……

2.3.4　用 DeepSeek 设计短视频分镜图

扫码看教学视频

【效果展示】：分镜图是将文案中的场景和动作具象化的重要工具，它能帮助创作者清晰地规划每个镜头的拍摄细节，确保视频内容的连贯性和视觉冲击力。接下来介绍如何利用 DeepSeek 来设计短视频分镜图，让创意得以精准地呈现出来，效果如图 2-9 所示。

图 2-9　效果展示

下面介绍用 DeepSeek 设计短视频分镜图的操作方法。

步骤 01 打开 DeepSeek，在下方的输入框中输入相应的提示词，用于指导 AI 生成特定的内容，点击发送按钮，DeepSeek 即可根据提示词生成相应的内容，相关提示词和回复内容如下。

提问

我喜欢唯美柔和的感觉，请帮我设计一个短视频脚本，5个分镜头，要有春天生机勃勃的感觉

DeepSeek

以下是为你设计的唯美春日短视频脚本，5个分镜头兼顾柔和的色调与生机感，适合搭配轻音乐或自然白噪声。

分镜1：晨露中的新生

画面：微距镜头对准沾满露水的粉色樱花花瓣（慢镜头），阳光透过水滴折射出彩虹光斑。

运镜：镜头缓缓下拉，露出嫩绿色叶芽从枝头萌发的全过程。

色调：浅粉+青柠色系，柔光滤镜。

分镜2：风与花的共舞

画面：低角度仰拍蒲公英种子被春风吹散的瞬间，背景虚化的草坡上点缀着白色小野花。

分镜3：水边的生机

……

步骤02 为了进行脚本分镜头的修改，以丰富画面，在输入框中继续输入提示词，点击发送按钮，DeepSeek 即可根据提示词优化内容，相关提示词和回复如下。

提问

请丰富上面的分镜头内容，更好地帮助生成图片的提示词。

DeepSeek

以下是优化后的分镜头描述，每个镜头都增加了更详细的视觉元素和生成图片所需的关键提示词（加粗部分为AI绘图核心关键词），同时保持唯美的春日氛围。

分镜1：晨露中的新生

画面描述

特写镜头：樱花树枝头垂下的**半透明花瓣**，每颗露珠倒映着晨光。

背景细节：虚化的**嫩绿色叶芽**，枝干上有细微的**苔藓纹理**。

提示词延伸

分镜2：风与花的共舞

画面描述

主体：蒲公英种子绒球被风吹散，部分种子带**半透明羽翼特写**

……

步骤03 打开即梦 AI 手机版，进入“想象”界面，在下方的输入框中输入 DeepSeek 生成的分镜 1 文案，如图 2-10 所示。

步骤04 点击“生成”按钮，即可生成 4 张分镜图片，如图 2-11 所示。用以上方法生成剩下的 4 个分镜画面。

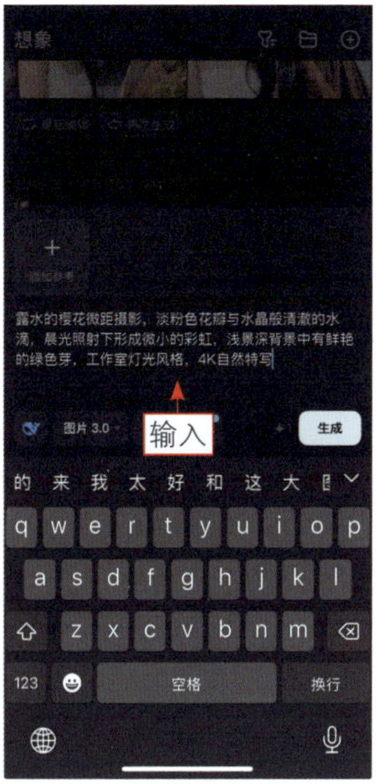

图 2-10　输入 DeepSeek 生成好的文案

图 2-11　生成 4 张分镜图片

2.3.5　用 DeepSeek 制作短视频分镜表

扫码看教学视频

分镜表不仅是将分镜图进一步细化和规范化的工具，更是视频拍摄过程中的重要指南。它详细记录了每个镜头的拍摄参数、时长、台词、音效等关键信息，确保拍摄过程有条不紊。接下来介绍如何利用 DeepSeek 来高效制作短视频分镜表，让创作更加系统化和高效。

下面介绍使用 DeepSeek 制作视频分镜表的操作方法。

打开 DeepSeek，开启一个新的对话，在下方的输入框中输入相应的提示词，用于指导 AI 生成特定的内容，点击发送按钮，DeepSeek 即可根据提示词生成相应的内容，相关提示词和回复如下。

提问

请把下面这个故事剧本改写成一个传说类型的短片分镜脚本，脚本结构包括序号、场景、景别、镜头时长、镜头运动、画面内容、对话旁白、和音乐音效。每个分镜拆分得细致一些，多补充一些的细节，把单镜头时长控制在不超过5秒，一共拆分为5个分镜。请把上述分镜脚本转换成列表的形式输出。

……（具体见提示词文档）

DeepSeek

序号	场景	镜头时长	镜头运动	画面内容
1	古老的村庄全景	4 秒	航拍缓慢下降	晨雾中的村庄被金色阳光笼罩，远处群山如龙脊蜿蜒，中心老槐树挂着褪色的祈愿布条
……				

本章小结

本章先介绍了 DeepSeek 两个版本的界面特点，包括手机版和网页版，帮助读者熟悉操作环境。接着讲解了 DeepSeek 的主要功能，如开启新对话、“深度思考（R1）”模式、“联网搜索”模式等，为后续应用打下基础。最后聚焦于如何用 DeepSeek 生成分镜头脚本，涵盖从文案创作到分镜图设计和分镜表制作的全过程。

课后实训：DeepSeek新对话

扫码看教学视频

在探索知识和解决问题的过程中，DeepSeek 的网页版对话模式始终是每个创作者的得力助手。现在，让我们开启一个新的对话，聚焦于创作者关心的话题，通过 DeepSeek 的智慧，为创作者提供精准的解答和实用的建议。下面介绍开启 DeepSeek 新对话的操作方法。

步骤 01 在导航栏或输入框的上方，单击“开启新对话”按钮，如图 2-12 所示。

图 2-12　单击“开启新对话”按钮

步骤 02 执行操作后，即可开启一个新的对话页面，在上方的输入框中，输入相应的提示词，用于指导 AI 生成特定的内容，相关提示词和回复如下。

提问

使用AI生成分镜头脚本有什么优点?

DeepSeek

使用AI生成分镜头脚本在影视、广告、动画等创作领域具有显著优势，以下是主要优点。

1. 提升效率，快速迭代

自动化生成：AI能根据文字描述（如剧本或关键词）快速生成分镜画面或脚本框架，节省传统手绘或排版的时间。

实时修改：调整文案或参数即可重新生成分镜，方便团队快速测试不同的创意方案。

2. 降低成本

减少人力投入：无须完全依赖分镜师或插画师手动绘制，尤其适合预算有限的小型项目。

降低试错成本：AI生成的草稿可作为讨论基础，避免反复修改高价外包内容。

3.激发创意灵感

多样化风格：AI可模拟不同的视觉风格（如电影感、漫画风及3D渲染等），帮助探索更多的可能性。

突破思维限制：当输入模糊的描述时，AI可能生成意外但有趣的构图，启发新创意。

……

即梦AI

第3章
即梦 AI 短视频的制作核心

要想用即梦 AI 制作出优质短视频，先熟悉其手机版和网页版的界面。掌握这些基础知识后，其强大的视频生成技术，才是让创意变成精彩视频的关键，本章将揭晓这些创作奥秘。

3.1　即梦AI两个版本速览

在使用即梦 AI 创作短视频时，不同版本的操作界面各有特点。本节将带领大家快速了解即梦 AI 手机版和网页版界面，帮助大家快速上手，为后续创作奠定基础。

3.1.1　手机版界面了解

扫码看教学视频

在即梦 AI 手机版中，创作者一般在“想象”界面进行视频的生成，其组成如图 3-1 所示。

图 3-1　即梦 AI 手机版的“想象”界面

下面对“想象”界面中的各主要部分进行相关讲解。

❶ 效果区：在该区域中，创作者可以查看生成的效果；也可以点击视频下方的“重新编辑”或“再次生成”按钮，对视频生成参数进行调整或再生成一个视频。

❷ 上传➕：点击该按钮，会进入“全部项目”界面，创作者可以选择并上传图片，进行图生视频。

❸ 输入区：创作者在“想象”界面的底部点击输入框，即可进入该区域，创作者可以输入提示词，让 AI 了解自己需要的视频内容；也可以点击➕按钮，上传图片；还可以查看当前的视频生成模型和比例。

❹ 设置区：点击 9 ∶ 16 按钮，在弹出的面板中，创作者可以对视频的生成

模型和比例参数进行设置，以获得满意的视频效果。

3.1.2 网页版页面了解

在即梦 AI 网页版“首页”页面的“AI 视频”选项区单击“视频生成”按钮，即可进入“视频生成”页面，其组成如图 3-2 所示。

扫码看教学视频

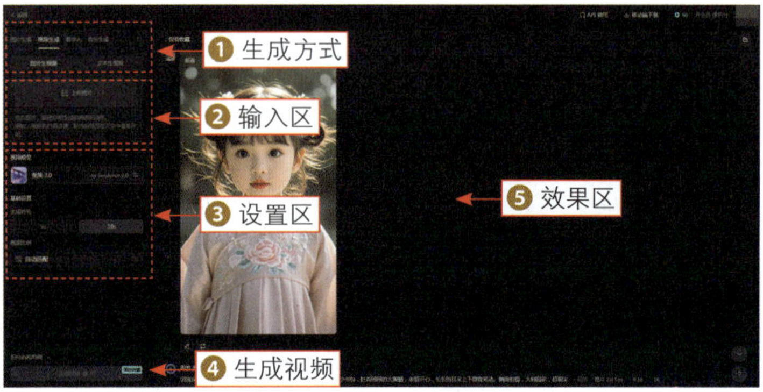

图 3-2 即梦 AI 网页版的“视频生成”页面

下面对“视频生成”页面中的各主要部分进行相关讲解。

❶ 生成方式：即梦 AI 提供了图片生视频和文本生视频这两种 AI 短视频的生成方式，创作者根据自己的需求进行选择即可。

❷ 输入区：在该区域中，创作者可以上传用来生成视频的图片，也可以输入描述视频内容的提示词，从而告知 AI 自己需要的视频效果。

❸ 设置区：在该区域中，创作者可以对生成视频的参数进行设置。由于不同的视频生成模型会提供不同的设置参数，因此创作者要先选择对应的模型，再进行设置。另外，参数设置不会影响 AI 短视频的生成，但可以优化生成的视频效果，因此创作者可以根据自己的需求进行操作。

❹ 生成视频：完成图片上传、提示词输入和参数设置后，创作者可以单击该按钮，让 AI 开始生成视频。

❺ 效果区：在该区域会显示所有生成的视频效果，创作者可以单击视频，将其放大查看；也可以借助即梦 AI 提供的功能，对生成的视频进行编辑。

3.2 即梦AI的视频生成技术

本节将详细介绍即梦 AI 如何通过先进的算法和功能，实现高质量的视频创作。从视频 3.0 模型的分镜控制，到为视频添加配乐、音效，再到制作对口型视频和视频动作模仿，以及延长视频、视频补帧、提升分辨率等功能，这些技术将帮助创作者全面提升视频的视觉和听觉效果。

3.2.1 视频 3.0 模型分镜控制

扫码看教学视频

【效果展示】：分镜控制是短视频创作的关键环节，它决定了视频的结构和节奏。通过即梦 AI 的视频 3.0 模型，创作者可以精确地规划每个镜头的内容和时长，确保视频的连贯性和吸引力，效果如图 3-3 所示。

图 3-3 效果展示

（1）使用 DeepSeek 制作分镜头脚本

在 AI 短视频创作中，分镜头脚本是将创意转化为具体画面的关键环节。而 DeepSeek 凭借其强大的功能，能够高效生成分镜头脚本，帮助创作者轻松实现创意落地。下面介绍在 DeepSeek 中制作分镜头脚本的操作方法。

打开 DeepSeek，开启一个新的对话，在下方的输入框中输入相应的指令，用于指导 AI 生成特定的内容，点击发送按钮，DeepSeek 即可根据指令生成相应的内容，相关指令和回复如下。

提问

生成10秒内街边迷茫女生的5个短视频分镜头动作画面描述。

DeepSeek

以下是5个适合10秒短视频的街边迷茫女生分镜头动作描述，兼顾氛围感和节奏感。

分镜1（2秒）

> 中景——侧跟镜头
> 女生低头快步走过斑马线，发丝被风吹乱，手紧攥背包带（背景虚化的红绿灯闪烁）
> 分镜2（1.5秒）
> 特写——手持晃动镜头
> ……

（2）使用即梦 AI 制作视频

在使用 DeepSeek 制作好分镜头脚本之后，如果对脚本满意，就可以点击复制按钮，将文本内容复制下来。接下来将利用即梦 AI 生成对应的脚本短视频。

下面介绍在即梦 AI 中利用视频 3.0 模型分镜控制的操作方法。

步骤 01 打开即梦 AI 手机版，进入“想象”界面，在下方的输入框中输入刚刚生成的分镜头脚本，如图 3-4 所示。

步骤 02 点击“视频 S2.0”按钮，弹出相应的面板，选择“视频 3.0”选项，如图 3-5 所示，修改视频的模型。

步骤 03 点击 9 ∶ 16 按钮，弹出相应的面板，选择 4 ∶ 3 选项，如图 3-6 所示，修改视频的比例。点击“生成”按钮，即可生成一段视频。

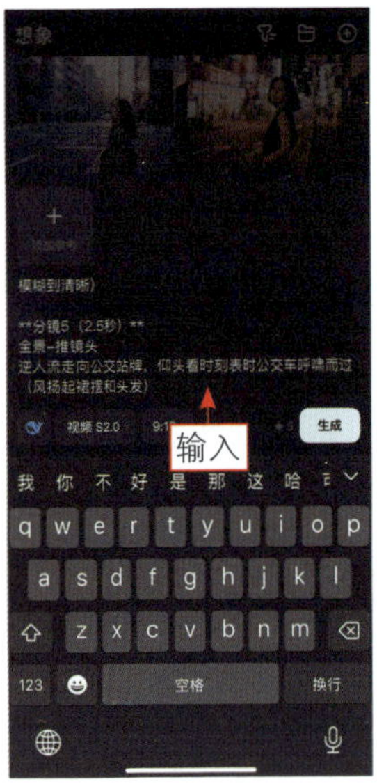

图 3-4　输入分镜头脚本

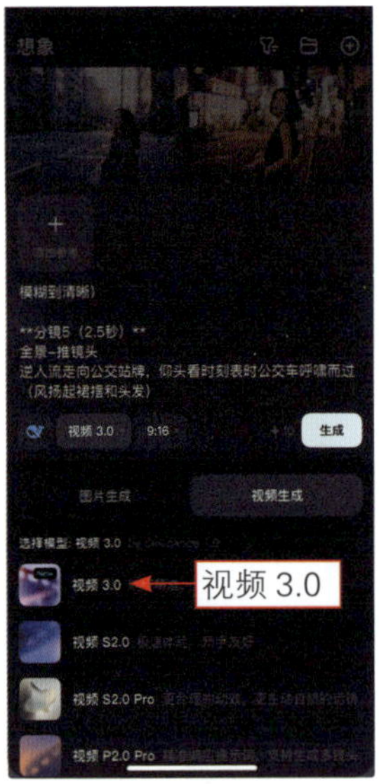

图 3-5　选择“视频 3.0”选项

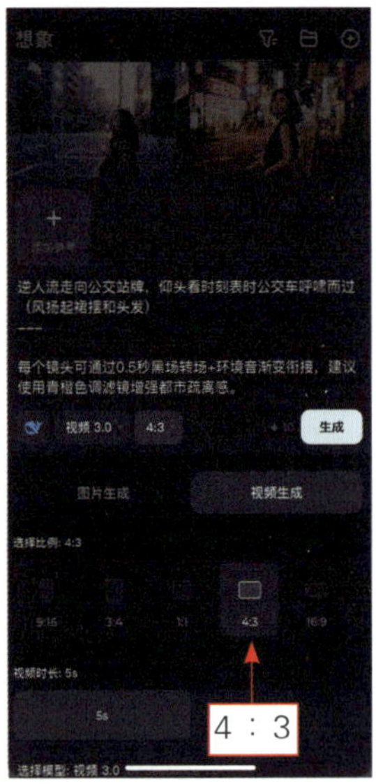

图 3-6　选择 4 ∶ 3 选项

步骤 04 点击生成的视频，查看视频效果，点击右上角的“AI 音效”按钮，如图 3-7 所示，给视频添加音效。

步骤 05 稍等片刻，即可生成 3 条自带音效的视频，如图 3-8 所示，创作者可以自行选择一条应用喜欢的音效的视频进行下载。

图 3-7　点击“AI 音效”按钮

图 3-8　即可生成 3 条自带音效的视频

3.2.2　给视频添加配乐

扫码看教学视频

【效果展示】：使用即梦的 AI 配乐功能，系统将会自动为视频匹配合适的背景音乐。创作者可以根据需要调整音乐的风格、情绪等参数，以获得更符合视频内容的配乐。生成配乐后，创作者可以预览视频效果，如果配乐与视频内容不完全契合，可以重新生成配乐，视频效果如图 3-9 所示。

图 3-9　效果展示

下面介绍为视频添加配乐的操作方法。

步骤 01 进入“视频生成”页面中的“图片生视频”选项卡，单击“上传图片”按钮，弹出“打开”对话框，❶ 选择相应的参考图；❷ 单击“打开”按钮，如图 3-10 所示，即可上传参考图。

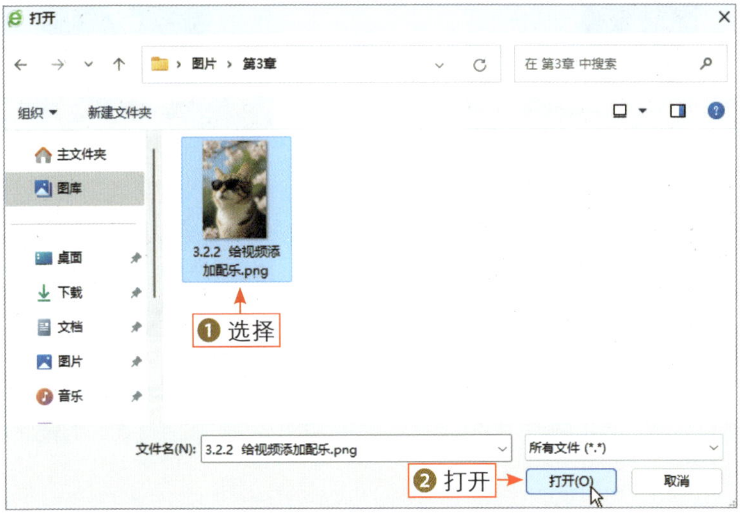

图 3-10　单击“打开”按钮

步骤 02 各项参数保持默认设置，单击“生成视频”按钮，如图 3-11 所示。

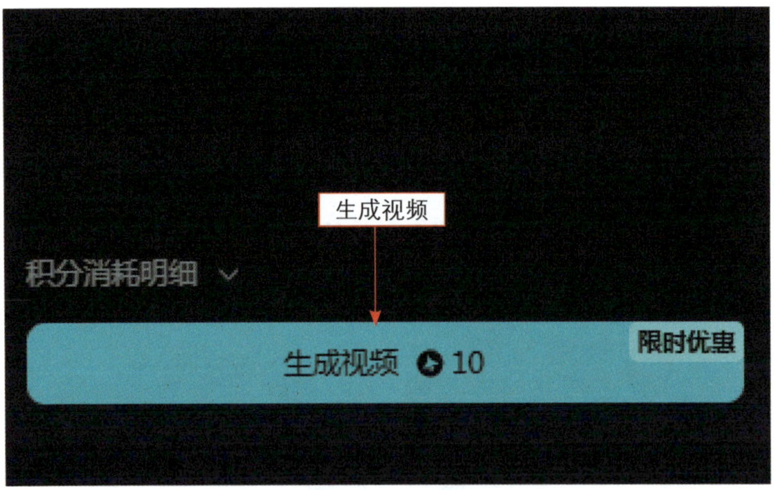

图 3-11　单击“生成视频”按钮

步骤 03 稍等片刻，即可生成一段视频，单击“AI 配乐”按钮 ，如图 3-12 所示，进入“AI 配乐”面板。

图 3-12　单击“AI 配乐”按钮

步骤 04 在“AI 配乐”面板中，选中“根据画面配乐”单选按钮，如图 3-13 所示，即可选择配乐的类型。

步骤 05 单击“生成 AI 配乐”按钮，如图 3-14 所示。稍等片刻，即可生成 3 段有音乐的视频，选择喜欢的视频，单击“下载”按钮，可以下载视频。

图 3-13　选中“根据画面配乐”单选按钮

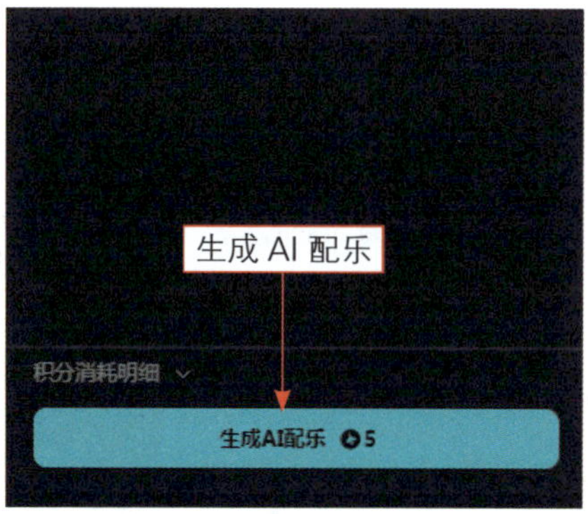

图 3-14　单击“生成 AI 配乐”按钮

3.2.3　给视频添加音效

扫码看教学视频

【效果展示】：音效能够增强视频的真实感和沉浸感，让观众更加身临其境。通过即梦 AI，创作者可以轻松地为视频添加各种音效，如环境音、动作音效等，从而提升视频的整体质量，效果如图 3-15 所示。

图 3-15　效果展示

下面介绍为视频添加音效的操作方法。

步骤 01 进入“想象”界面，点击“添加参考”按钮，在弹出的“最近项目”界面中选择一张照片素材，如图 3-16 所示。

步骤 02 执行操作后，即可上传参考图，在输入框中输入相应的提示词，如图 3-17 所示，指导 AI 生成相应的内容。

步骤 03 点击“生成”按钮，即可生成一段视频，如图 3-18 所示。

图 3-16　选择一张照片素材

图 3-17　输入相应的提示词

图 3-18　生成一段视频

图 3-19　点击“AI 音效”按钮

图 3-20　生成的 3 条音效

步骤 04 点击生成的视频，查看视频效果，点击右上角的“AI 音效”按钮，如图 3-19 所示，让 AI 自动给视频添加合适的音效。

步骤 05 稍等片刻，点击重新生成的视频，在视频下方显示了生成的 3 条音效，如图 3-20 所示，可以根据自身需求选择一条喜欢的音效进行下载。

3.2.4　制作对口型视频

【效果展示】：生成对口型视频是即梦 AI 的一大亮点，该功能利用 AI 技术将音频与人物的口型完美同步，创造出既真实又具有吸引力的视频内容，在音乐视频、语言教学、广告宣传等多个领域都有着广泛的应用，视频效果如图 3-21 所示。

图 3-21　视频效果展示

下面介绍生成对口型视频的操作方法。

步骤 01 进入“想象”界面，点击切换按钮，弹出相应的面板，选择“数字人”选项，如图 3-22 所示。

步骤 02 点击“上传照片或者视频”下方的添加按钮，进入“最近项目”界面，选择一张照片素材，如图 3-23 所示。稍等片刻，即可上传参考图。

扫码看教学视频

步骤 03 在“输入说话内容”下方的输入框中输入提示词，如图 3-24 所示，指导 AI 生成指定的内容。

图 3-22　选择“数字人”选项

图 3-23　选择一张照片素材

图 3-24　输入提示词

步骤 04 在“选择音色”选项区中选择“柔美女友”选项，如图 3-25 所示，改变视频人物音色。

步骤 05 在“选择生成模式”选项区中，选择“快速”选项，如图 3-26 所示，让视频生成速度加快。

步骤 06 点击“立即生成”按钮，即可生成一段对口型视频，如图 3-27 所示。

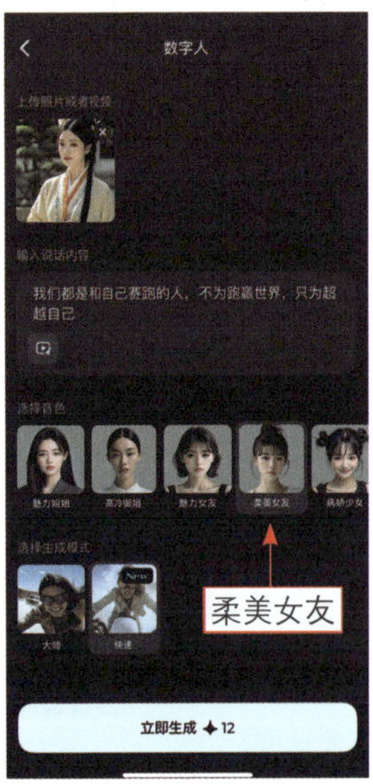

图 3-25　选择“柔美女友”选项

图 3-26　选择“快速”选项

图 3-27　生成一段对口型视频

3.2.5　视频动作模仿

扫码看教学视频

【效果展示】：视频动作模仿可以捕捉和分析视频中的人物动作，并将其应用到其他视频或虚拟角色中，让视频内容更加生动和富有表现力。通过视频动作模仿，可以轻松实现角色的动作同步，为视频创作带来更多创意和可能性，视频效果如图3-28所示。

图 3-28　效果展示

下面介绍模仿视频动作的操作方法。

步骤 01 进入“想象”界面，选择“动作模仿”选项，如图3-29所示。

步骤 02 点击“上传人物图片”下方的添加按钮，进入“最近项目”界面，❶选择一张照片素材，稍等片刻，即可上传参考图；❷在“选择一个动作模板”下方的选项区选择第4个动作模板，如图3-30所示。

步骤 03 点击“立即生成”按钮，即可生成一个动作模仿视频，如图3-31所示，点击视频即可放大查看视频效果。

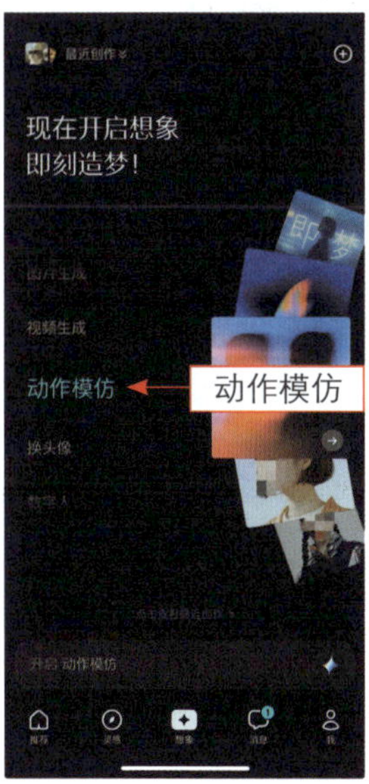

图 3-29　选择“动作模仿”选项

图 3-30　选择相应的选项

图 3-31　输入提示词

3.2.6 其他功能

在了解了视频动作模仿功能后，接下来我们将探索即梦 AI 的其他实用功能，包括延长视频时长、补帧及提升视频分辨率等。这些功能能够进一步优化视频内容，让视频更加流畅、清晰，满足不同场景下的创作需求。

这些功能通常需要创作者开通会员才能使用。这意味着在使用这些工具时，创作者需要考虑额外的费用。

（1）延长视频时长

扫码看教学视频

在短视频创作中，有时会遇到视频素材时长不足的情况，这可能会限制创作者的表达空间。即梦 AI 的“延长视频”功能为这一问题提供了有效的解决方案，如图 3-32 所示。通过智能算法，该功能可以在保持视频原有风格和节奏的基础上，合理地延长视频的时长，可以为创作者提供更多展示内容的机会。无论是补充更多的故事细节，还是增加一些创意元素，延长视频时长都能让视频更加完整，更好地传达创作者的意图。

图 3-32　延长视频时长

（2）视频补帧

扫码看教学视频

在视频创作中，画面的流畅性对于提升观众的观看体验至关重要。然而，由于拍摄设备的限制或后期编辑的需要，视频有时会出现帧率不足的问题，导致画面卡顿或不流畅。

即梦 AI 的“视频补帧”功能正是为了解决这一问题而设计的。通过先进的 AI 算法，该功能能够在视频的现有帧之间智能插入新的帧，从而提高视频的帧率，使画面更加流畅、自然。无论是快速运动的场景还是需要精细过渡的画面，视频补帧技术都能有效提升视频的整体质量，让观众获得更加舒适的视觉体验，如图 3-33 所示。

图 3-33　效果展示

（3）提升视频分辨率

扫码看教学视频

在当今的数字内容时代，高清视频已成为观众的普遍期待。无论是用于社交媒体、专业展示还是个人分享，高分辨率视频都能提供更清晰的视觉体验。然而，由于拍摄设备的限制或文件格式的压缩，许多视频的分辨率无法满足高质量展示的需求。

即梦 AI 的“提升视频分辨率”功能正是为了解决这一问题而设计的，如图 3-34 所示。通过先进的 AI 算法，该功能能够智能地增强视频的分辨率，让原本模糊的画面变得更加清晰，细节更加丰富。无论是老视频的修复还是新视频的优化，提升视频分辨率都能显著提升视频的整体质量，满足不同场景下的高清展示需求。

图 3-34　提升视频分辨率

本章小结

本章先介绍了即梦 AI 两个版本的界面特点，包括手机版和网页版，帮助创作者熟悉不同平台的操作环境。接着深入讲解了即梦 AI 的视频生成技术，涵盖视频 3.0 模型的分镜控制、给视频添加配乐和音效、制作对口型视频、视频动作模仿等功能。最后介绍了其他实用功能，如延长视频时长、视频补帧技术和提升视频分辨率，这些功能进一步优化了视频创作的各个环节，提升了视频的整体质量。

课后实训：对口型的温习

扫码看教学视频

【效果展示】：数字人对口型这项技术能够使数字人或虚拟角色的口型与音频完美同步，让视频内容更加生动和真实。通过即梦 AI，创作者可以轻松实现数字人的对口型效果，提升视频的视觉和听觉体验，效果如图 3-35 所示。

图 3-35　效果展示

下面介绍生成对口型视频的操作方法。

步骤 01 进入“数字人”界面，点击“上传照片或者视频”下方的添加按钮，进入“最近项目”界面，选择一张照片素材，如图 3-36 所示。稍等片刻，即可上传参考图。

步骤02 ❶ 在“输入说话内容”下方的输入框中输入提示词，指导AI生成指定的内容；❷ 在“选择音色”选项区中选择“小女孩”选项，如图3-37所示，改变视频人物音色。

步骤03 在“选择生成模式”选项区中，选择“快速”选项，如图3-38所示，让视频生成速度加快。点击“立即生成”按钮，即可生成一段对口型视频。

图3-36　选择一张照片素材

图3-37　选择“小女孩”选项

图3-38　选择“快速”选项

第 4 章
可灵 AI 短视频的制作要点

在深入探索使用可灵 AI 制作短视频的方法之前，本章将先对其两个版本的界面进行速览，了解其在不同设备上的操作逻辑与独特魅力。随后，将深入剖析可灵 AI 的视频生成技术，从多图参考到延长视频时长，再到生成对口型视频和利用首尾帧生成视频，以及灵活运用运镜方式和运动笔刷，一步步解锁其强大的创作潜能。

4.1　可灵AI两个版本速览

想要高效地运用可灵 AI，熟悉其不同版本的操作界面是关键一步。本节将对可灵 AI 手机版（可灵 AI App）与网页版界面展开全面速览，帮助创作者快速摸清操作脉络，轻松开启创作之旅。

4.1.1　手机版界面了解

扫码看教学视频

可灵 AI 推出了自己的 App，创作者下载该 App 之后，即可用可灵 AI 手机版生成短视频。下面介绍可灵 AI 手机版的“首页”界面，该界面中展示了可灵 AI 手机版视频生成的许多核心功能，如图 4-1 所示。

图 4-1　可灵 AI 手机版的“首页”界面

下面对可灵 AI 手机版“首页”界面中的主要功能进行讲解。

❶ 信息查阅：创作者可以点击界面中的☰按钮，在弹出的下列表中，查看账号和平台的相关信息。

❷ 功能展示：该区域中会展示可灵 AI 手机版的主要功能，包括“图生视频”“AI 图片”“文生视频”“多模态编辑”“创意特效”“AI 音效”。创作者只需点击对应的按钮，即可跳转至相应的界面，借助对应的功能生成图片或视频。

❸ 创意圈：该区域中会展示平台中精选的内容、推荐的短片和素材。创作

者可以点击对应的内容，查看具体的信息。

❹ 界面标签：点击某个标签，即可切换至对应的界面。

4.1.2 网页版页面了解

扫码看教学视频

可灵 AI 网页版是一个便捷、高效且功能丰富的视频生成平台，创作者无须下载和安装任何客户端，即可直接使用该平台的各项功能，这无疑极大地提高了创作效率。无论是生成图片还是视频，可灵 AI 都能够提供高质量的内容输出，满足创作者的多样化需求。图 4-2 所示为可灵 AI 网页版“首页”页面中的各主要功能模块。

图 4-2 可灵 AI 网页版的“首页”页面

下面对可灵 AI 的“首页”页面中的各主要功能进行相关讲解。

❶ 常用功能：在页面左侧的侧边栏中，清晰地列出了可灵 AI 的主要功能，使网页能够以一种有序、结构化的方式展示其内容，帮助创作者快速定位到自己想要访问的页面或功能。创作者只需单击对应的按钮，即可跳转到对应的页面，极大地提高了浏览效率。

❷ 个人主页：该区域会展示账号头像，同时，单击“个人主页”（包括账号头像）按钮，可以进入账号主页的相关页面，查看该账号的基础信息、已发布的内容和喜欢的内容（即点赞的素材和短片）。

❸ 推广信息：该区域中会展示平台重点推广的信息，使相关的内容快速传达给平台的创作者。图 4-2 中便重点展示了可灵 2.0 模型的相关信息，而且创作者单击页面中的“立即体验”按钮，还可以跳转至相应的页面，使用该模型生成短视频。

❹ 社区作品：该区域主要用来展示平台中其他创作者发布的优秀作品。“短片”选项卡中的作品可以用来欣赏，而对于“素材”选项卡中的作品，创作者可以单击相应作品下方的“一键同款”按钮，快速生成与原作品相似的视频或图片效果，大大节省创作者的时间和精力。

4.2　可灵AI的视频生成技术

可灵 AI 强大的视频生成技术，能满足多样化的创作需求，无论是基于多图参考、首尾帧上传的创意生成，还是视频时长、对口型、运镜等细节处理，都能让创作者创作视频更加得心应手，下面就一起探索这些技术的魅力吧。

4.2.1　多图参考生成视频

扫码看教学视频

【效果展示】：多图直接生视频是一种高效的 AI 视频生成技术，它允许创作者仅通过几张静态图片迅速生成视频内容。这种方法非常适合需要快速制作动态视觉效果的场合，无论是社交媒体的视频，还是在线广告的快速展示，都能轻松实现。利用可灵 AI 平台多图直接生视频功能生成的视频效果如图 4-3 所示。

图 4-3　效果展示

下面介绍在可灵 AI 手机版中使用多图直接生视频功能的具体操作步骤。

步骤 01 进入可灵 AI 手机版的“首页”界面，点击“图生视频”按钮，如图 4-4 所示，进行界面的切换。

步骤 02 进入“图生视频”界面，❶ 点击“多图参考”按钮，进行选项卡的切换；❷ 点击上传图片按钮，如图 4-5 所示。

步骤 03 在弹出的面板中选择“相册选择”选项，进入“最近项目”界面，选择两张参考图，如图 4-6 所示，点击“完成”按钮，即可上传图片素材。

步骤 04 在“创意描述”下方的输入框中输入提示词，如图 4-7 所示。

步骤 05 点击“立即生成”按钮，如图 4-8 所示，稍等片刻，可灵 AI 即可生成一段视频。

步骤 06 也可以返回“首页”界面，点击底部的“资产”按钮，在“资产”界面中找到刚刚生成的视频，点击视频即可放大查看视频效果，如图 4-9 所示。

图 4-4　点击“图生视频”按钮

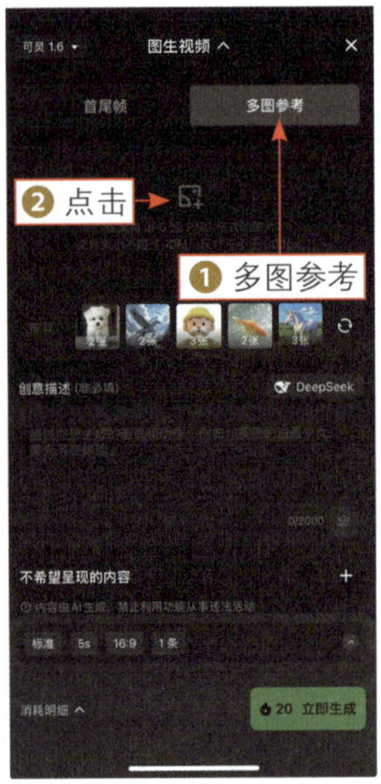

图 4-5　点击按钮

图 4-6　选择参考图

图 4-7　输入提示词

图 4-8　点击“立即生成”按钮

图 4-9　查看视频效果

4.2.2　延长视频时长

在可灵 AI 中，初步获得满意的视频之后，创作者可以直接对生成的视频进行延长。

扫码看教学视频

☆ 专家提醒

若素材为使用可灵 AI 平台可灵 1.0 模型生成的视频，延长视频需要 10 灵感值；若素材为使用可灵 1.6 模型生成的视频，延长视频则需要 20 灵感值。

下面介绍在可灵 AI 网页版中自动延长视频时长的具体操作步骤。

步骤 01 单击对应视频下方的“视频延长”按钮，如图 4-10 所示。

图 4-10　单击“视频延长”按钮

步骤 02 左侧弹出“视频延长”面板，❶ 在“创意描述”面板中输入提示词，指导 AI 生成指定内容；❷ 单击“立即生成”按钮，如图 4-11 所示。

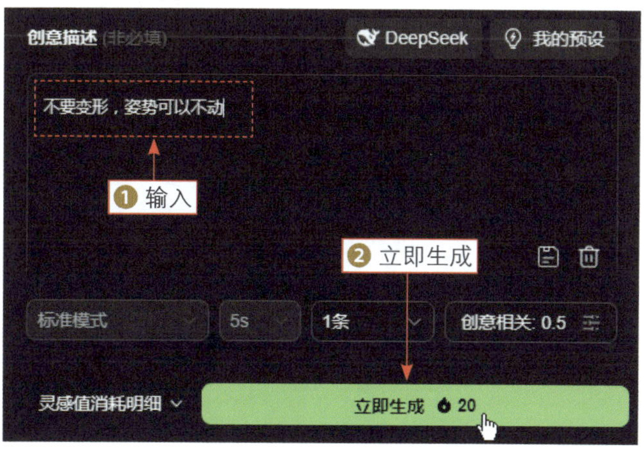

图 4-11　单击“立即生成”按钮

步骤 03 稍等片刻，即可在右侧看到生成的延长视频，如图 4-12 所示。

图 4-12　生成延长视频

4.2.3　生成对口型视频

扫码看教学视频

【效果展示】：这一环节将解锁如何让角色精准地匹配语音，实现生动自然的对话效果。无论是动画角色还是虚拟人物，对口型技术都能赋予其鲜活的生命力，让观众仿佛置身于真实的对话场景之中。接下来一起深入了解如何高效地生成对口型视频，为作品增添更多真实感和感染力，如图 4-13 所示。

图 4-13　效果展示

下面为大家介绍在可灵 AI 平台中生成对口型视频的具体操作步骤。

步骤 01 接上一例继续操作，点击延长视频下方的“对口型”按钮，如图 4-14 所示，即可对视频进行对口型创作。

图 4-14　单击“对口型”按钮

步骤 02 执行操作后，❶ 在“文本朗读”输入框中输入提示词，指导 AI 生成指定内容；❷ 在“音色”|“全部”选项区中选择“撒娇女友”选项，如图 4-15 所示，改变视频音色。

图 4-15　选择“撒娇女友”选项

步骤 03 单击“立即生成”按钮，如图 4-16 所示，进行视频的生成。

步骤 04 执行操作后，即可成功生成一条对口型视频，如图 4-17 所示。

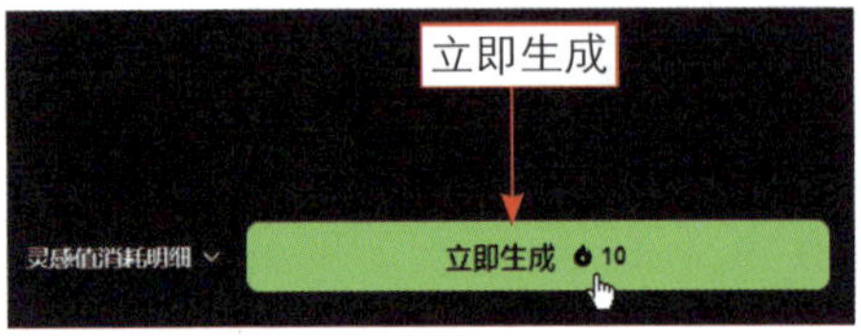

图 4-16　单击“立即生成”按钮

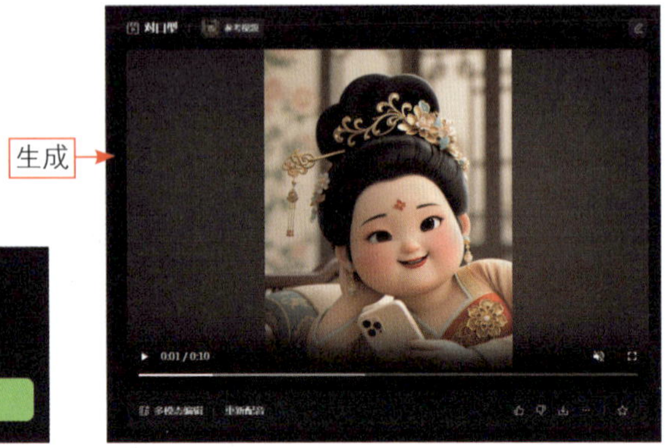

图 4-17　生成一条对口型视频

4.2.4　上传首尾帧生成视频

扫码看教学视频

【效果展示】：利用首尾帧功能可以实现图生视频，这是一种高级技术，它通过定义视频的起始帧（即首帧）和结束帧（即尾帧），让 AI 在两者之间生成平滑的过渡和动态效果。利用可灵 AI 平台的首尾帧功能生成的视频效果如图 4-18 所示。

图 4-18　效果展示

下面介绍在可灵 AI 手机版中使用首尾帧功能生成视频的具体操作步骤。

步骤 01 进入“图生视频”界面，点击“首尾帧”按钮，如图 4-19 所示。

步骤 02 执行上述操作后，点击上传图片按钮■，弹出相应的面板，选择“相册选择”选项，如图 4-20 所示。

步骤 03 ❶ 进入“最近项目”界面，选择 1 张参考图上传，如果“选择首帧图”板块中显示了刚刚选择的图片素材，就说明该图片素材上传成功了；❷ 若图片上传成功，点击“添加尾帧图”按钮，如图 4-21 所示。

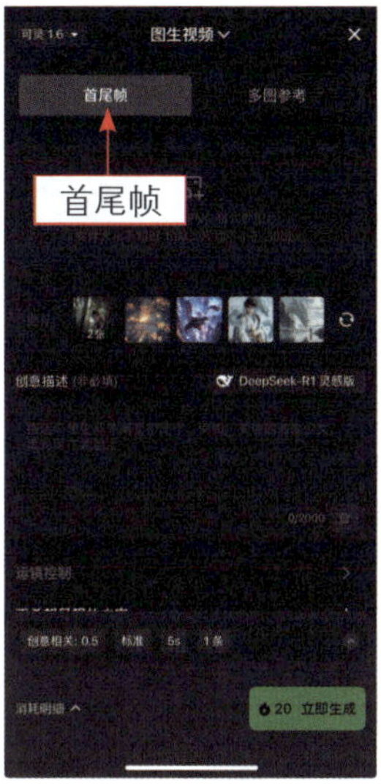

图 4-19　点击相应按钮

图 4-20　选择“相册选择”选项

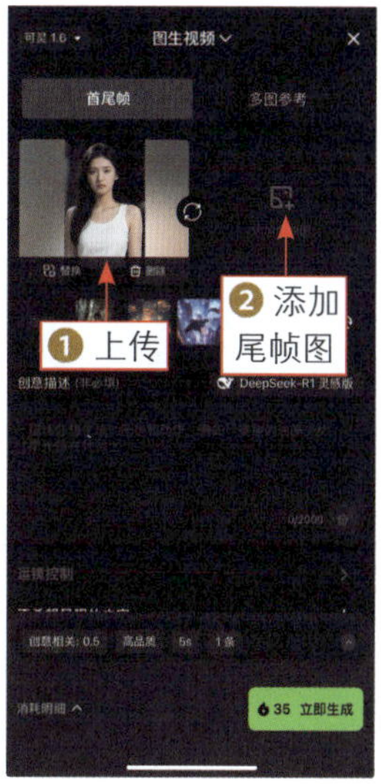

图 4-21　点击“添加尾帧图”按钮

步骤 04 上传尾帧图，如图 4-22 所示，点击“立即生成”按钮，进行视频的生成。

步骤 05 稍等片刻，即可生成一条视频，可在“资产”界面中查看刚刚生成的视频，效果如图 4-23 所示。

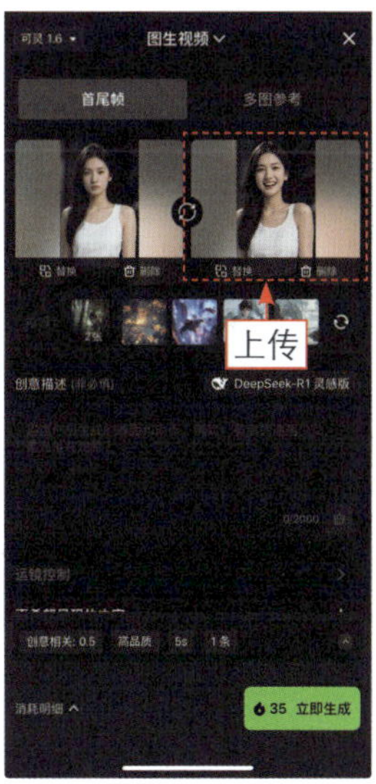

图 4-22　上传尾帧图

图 4-23　查看视频

4.2.5 设置基本的运镜方式

在了解了利用可灵 AI 平台生成视频的基本方法后，接下来介绍如何通过设置运镜方式，为视频增添动感和表现力。

（1）水平运镜

【效果展示】：水平运镜，是在拍摄视频过程中一种常用的运镜方式，其特点在于摄像机位置保持不变，但镜头角度在水平方向上左右摆动。设置“文生视频”水平运镜生成的视频效果如图 4-24 所示。

扫码看教学视频

图 4-24　效果展示

下面介绍设置“文生视频”水平运镜的具体操作技巧。

步骤 01 进入可灵 AI 平台的“首页”界面，点击“文生视频”按钮，如图 4-25 所示，进入“文生视频”界面。

步骤 02 在“运镜控制”板块中，点击“运镜控制”右侧的›按钮，如图 4-26 所示。

步骤 03 执行操作后，弹出“运镜控制”面板，在“运镜方式”下方选择“水平运镜”选项，如图 4-27 所示。

图 4-25　点击“文生视频”按钮

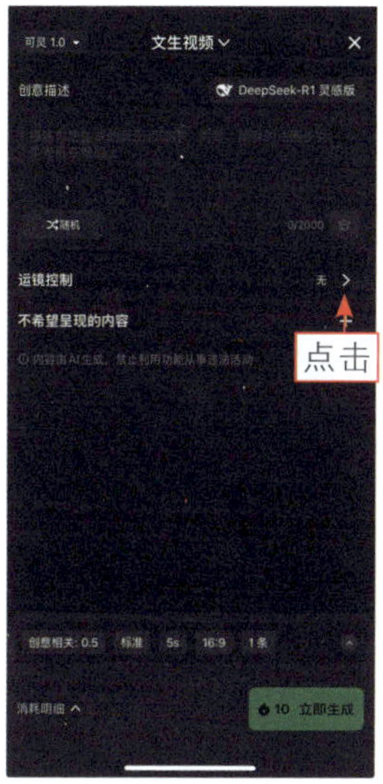

图 4-26　点击>按钮

图 4-27　选择“水平运镜”选项

步骤 04 根据需要，向左或向右拖曳滑块，调整“水平运镜”参数，如图 4-28 所示，即可完成水平运镜的设置。

步骤 05 点击“提交”按钮，确认操作，在“创意描述”板块的文本框中输入提示词，如图 4-29 所示。

步骤 06 执行上述操作后，❶ 在下方设置视频的参数信息；❷ 点击“立即生成”按钮，如图 4-30 所示，即可生成一条采用水平运镜的视频。

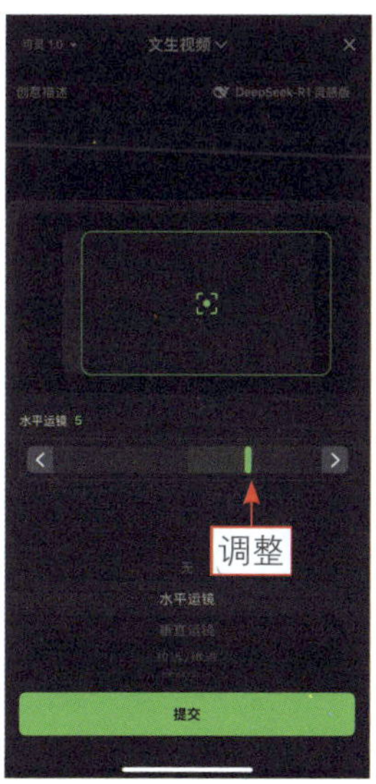

图 4-28　调整“水平运镜”参数

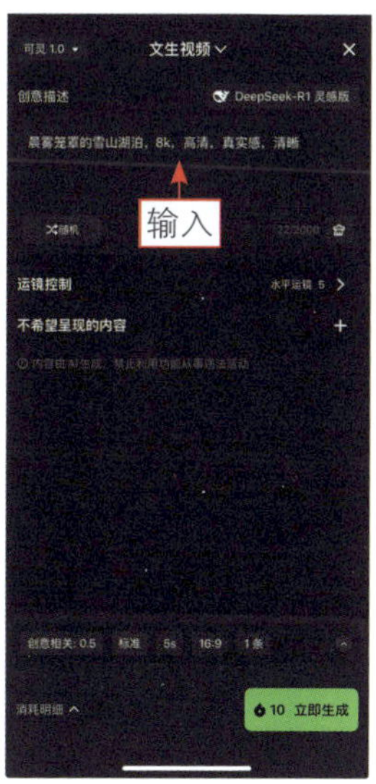

图 4-29　输入提示词

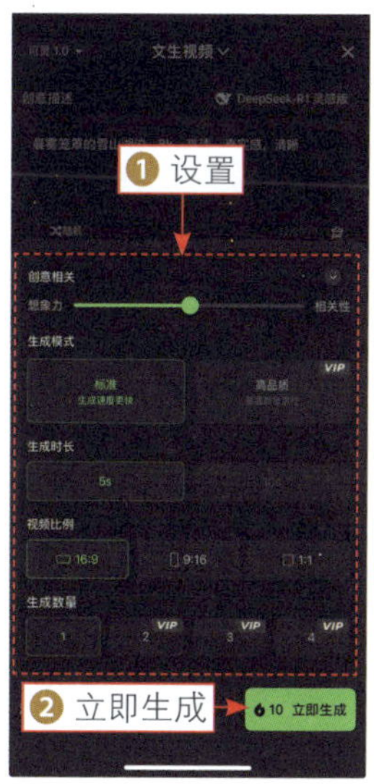

图 4-30　单击“立即生成”按钮

(2) 垂直运镜

扫码看效果视频

【效果展示】：在摄影和摄像领域，垂直运镜是指摄像机或相机在保持水平位置不变的情况下，通过调整镜头的俯仰角度，在垂直方向（即上下方向）上进行移动或拍摄的一种运镜方式。这种运镜方式可以实现对被拍摄对象上下角度的变化，从而展现出不同的视觉效果和情感表达，效果如图 4-31 所示。

图 4-31　效果展示

下面介绍在“文生视频”界面设置垂直运镜的具体操作技巧。

步骤 01 进入可灵 AI 平台的“首页”界面，点击“文生视频”按钮，如图 4-32 所示，进入“文生视频”界面。

步骤 02 在“运镜控制”板块中，点击“运镜控制”右侧的 按钮，弹出“运镜控制”面板，在“运镜控制”下方选择“垂直运镜”选项，如图 4-33 所示。

步骤 03 根据需要，向左或向右拖曳滑块，调整“垂直运镜”的参数，如图 4-34 所示，即可完成运镜设置，点击“提交”按钮，确认操作。

步骤 04 在“创意描述”板块的文本框中输入提示词，如图 4-35 所示，指导 AI 生成指定的内容。

步骤 05 点击“立即生成”按钮，如图 4-36 所示，即可生成垂直运镜的视频。

图 4-32　点击“文生视频”按钮

图 4-33　选择“垂直运镜”选项

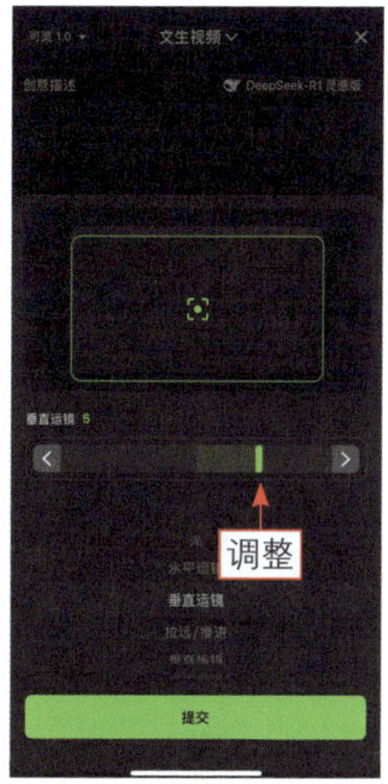

图 4-34　点击相应的按钮

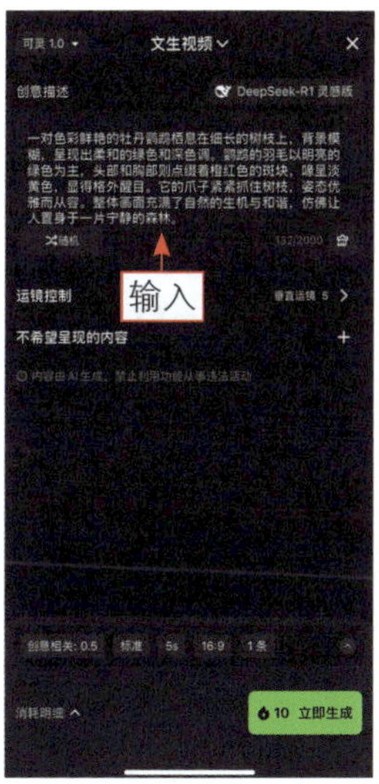

图 4-35　输入提示词

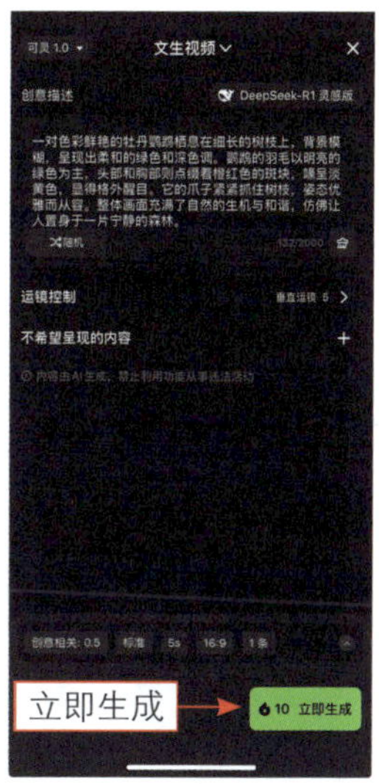

图 4-36　点击“立即生成”按钮

（3）拉远 / 推进运镜

扫码看教学视频

【效果展示】：拉远 / 推进运镜是运镜中两种重要的拍摄方式。拉远镜头通过后退或调整焦距，使镜头远离被拍摄对象，画面取景范围由小变大，呈现对象及环境；推进运镜则通过靠近或调整焦距，使镜头靠近被拍摄对象，画面取景范围由大变小，突出对象细节。这两种方式在视频创作中可以增强画面的表现力，效果如图 4-37 所示。

图 4-37　效果展示

下面介绍在“文生视频”中设置拉远 / 推进运镜的具体操作技巧。

步骤 01 进入可灵 AI 平台的“首页”界面，单击“文生视频”按钮，如图 4-38 所示，进入“文生视频”界面。

步骤 02 在“运镜控制”板块中，点击“运镜控制”右侧的>按钮，弹出“运镜控制”面板，在“运镜方式”下方选择“拉远 / 推进”选项，如图 4-39 所示。

步骤 03 根据需求，向左或向右拖曳滑块，调整“拉远 / 推进运镜”参数，如图 4-40 所示，即可完成运镜设置。在“运镜控制”面板中，滑块向右是拉远，滑块向左是推进。点击“提交”按钮，确认操作。

图 4-38　点击“文生视频”按钮

图 4-39　选择相应的选项

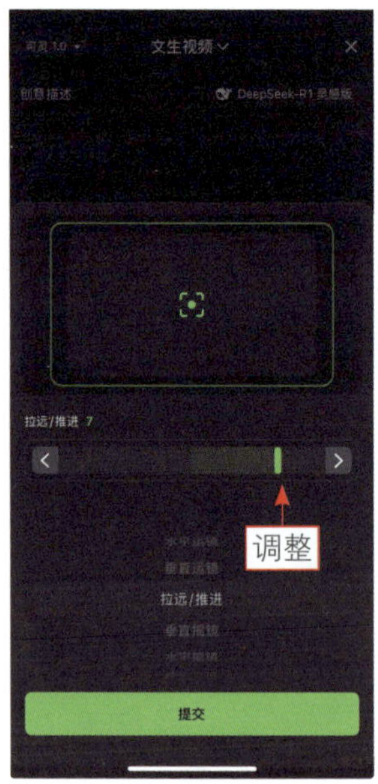

图 4-40　调整参数

步骤 04 在“创意描述”板块的文本框中输入提示词，如图 4-41 所示，指导 AI 生成指定的内容。

步骤 05 点击“立即生成”按钮，如图 4-42 所示，即可生成拉远 / 推进的视频。

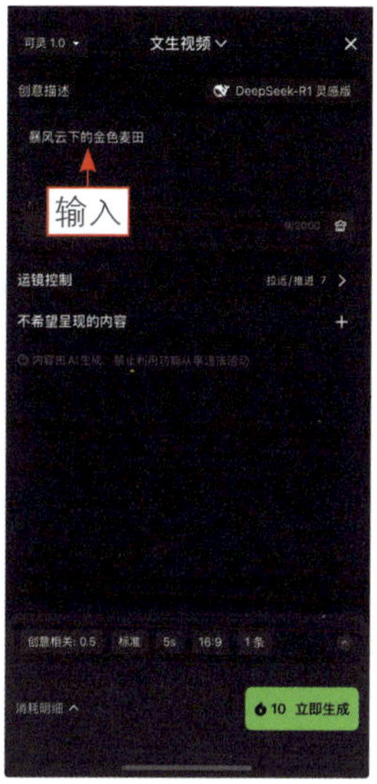

图 4-41　输入提示词

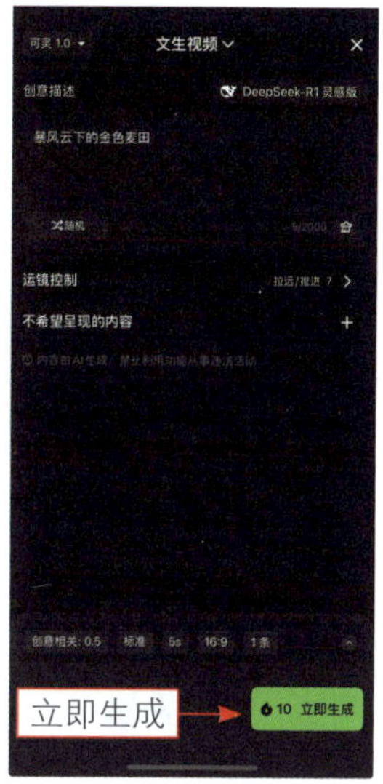

图 4-42　点击“立即生成”按钮

4.2.6　使用运动笔刷制作运镜

在视频创作中，主体的运动表现往往决定了画面的节奏和视觉焦点。“运动笔刷”功能为创作者提供了强大的工具，能够精准地控制特定主体的运动轨迹。

（1）自动选区

扫码看教学视频

【效果展示】：自动选区功能是运动笔刷的核心之一，它能够快速识别视频中的主体，并为其添加运动轨迹。这一功能大大简化了运动轨迹的设置过程，让创作者能够高效地实现主体的动态效果，效果如图 4-43 所示。

图 4-43　效果展示

下面介绍使用自动选区功能的具体操作技巧。

步骤 01 进入“图生视频”页面，单击“运动笔刷”板块右侧的“使用”按钮，如图 4-44 所示。

步骤 02 弹出“运动笔刷”功能面板，单击“点击 / 拖拽 / 粘贴”按钮，如图 4-45 所示，进行图片的上传。

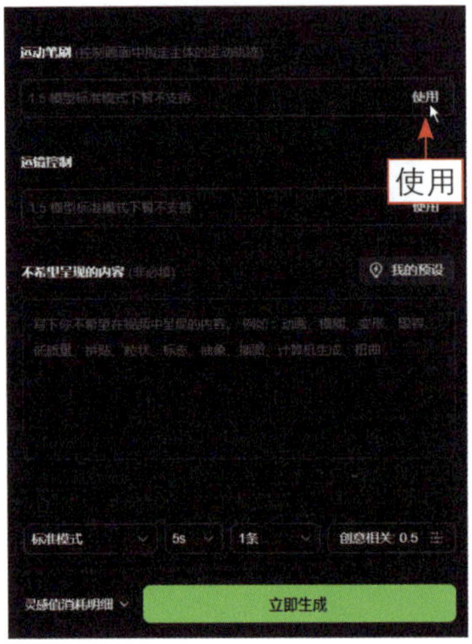

图 4-44　单击“使用”按钮

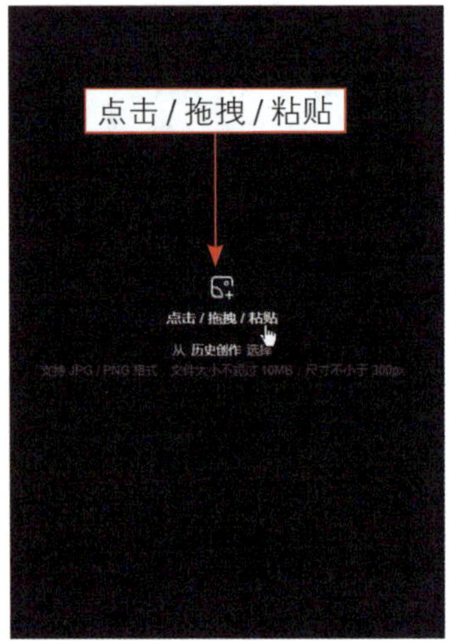

图 4-45　单击“点击 / 拖拽 / 粘贴”按钮

步骤 03 弹出相应的对话框，❶ 选择要上传的图片；❷ 单击“打开”按钮，如图 4-46 所示，确定上传图片。

图 4-46　单击“打开”按钮

步骤 04 ❶ 单击“自动检测区域”右侧的按钮，切换到自动检测模式；❷ 单击右侧的“区域 1”按钮；❸ 单击画面中的杯盏，如图 4-47 所示，将杯盏选为选区。

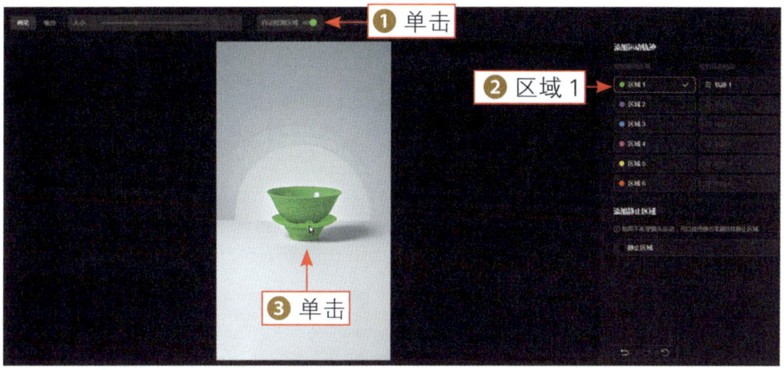

图 4-47　单击画面中的杯盏

步骤 05　❶ 单击“区域 1”右侧的“轨迹 1”按钮；❷ 在画面中的绿色区域按住鼠标左键并向左拖曳，如图 4-48 所示。

图 4-48　向左拖曳

步骤 06　释放鼠标左键，所画线条会自动变成运动方向箭头，如图 4-49 所示，单击右下角的“确认添加”按钮，为图片中的杯盏添加向左的运动笔刷，完成运动笔刷设置。

图 4-49　线条变成运动方向箭头

(2) 涂抹选区

扫码看教学视频

【效果展示】：尽管自动选区能够快速添加运动轨迹，但在一些复杂的场景中，可能需要对运动轨迹进行更精细的调整。涂抹选区功能允许创作者通过手动涂抹的方式，对主体的运动轨迹进行微调，从而实现更加精准的动态效果。这一功能为创作者提供了更高的自由度，能够满足不同场景下的创作需求，效果如图 4-50 所示。

图 4-50　效果展示

下面介绍在可灵 AI 平台中使用涂抹选区生成视频的具体操作步骤。

步骤 01 进入“图生视频”页面，单击“运动笔刷”板块右侧的“使用”按钮，如图 4-51 所示。

图 4-51　单击“使用”按钮

步骤 02 执行上述操作后，弹出“运动笔刷”功能面板，单击“点击 / 拖拽 / 粘贴”按钮，如图 4-52 所示。

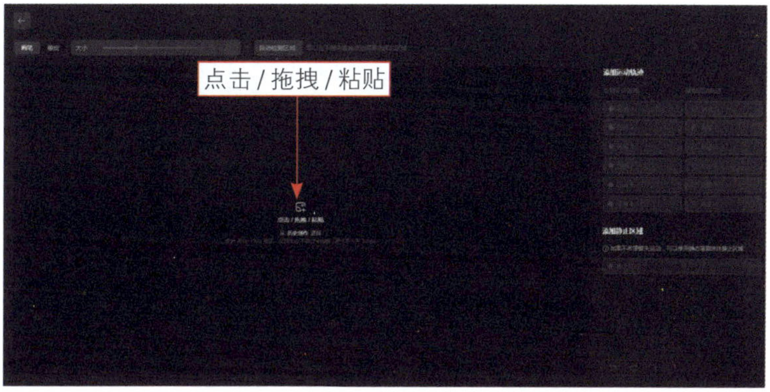

图 4-52　单击“点击 / 拖拽 / 粘贴”按钮

步骤 03 弹出“打开”对话框，❶ 选择要上传的图片；❷ 单击“打开”按钮，如图 4-53 所示，确定将图片上传。

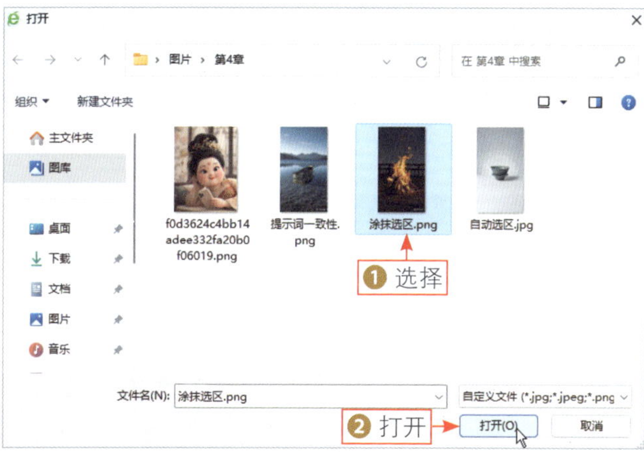

图 4-53　单击“打开”按钮

步骤 04 执行上述操作后，❶ 单击右侧的“区域 1”按钮；❷ 按住鼠标左键即可进行拖曳，涂抹图片的火焰部分，如图 4-54 所示，将火焰选为选区。

步骤 05 ❶ 单击“区域 1”右侧的“轨迹 1”按钮；❷ 在画面中的火焰区域按住鼠标左键并拖曳，如图 4-55 所示。

步骤 06 执行上述操作后，释放鼠标左键，所画线条会自动变成运动方向箭头，为火焰添加运动方向，如图 4-56 所示，单击右下角的“确认添加”按钮，完成运动笔刷的设置，为图片中的火焰添加向上的运动方向。

图 4-54　涂抹图片的火焰部分

图 4-55　向上拖曳鼠标

图 4-56　线条变成运动方向箭头完成视频运动笔刷设置

（3）提示词一致性

【效果展示】：在视频创作中，提示词与主体运动的一致性至关重要。提示词一致性能够确保主体的运动与提示词的描述相匹配，从而让视频内容更加自然和连贯。保持提示词一致性生成的视频效果，效果如图 4-57 所示。

扫码看教学视频

图 4-57　效果展示

下面介绍提示词与主体运动保持一致性的操作技巧。

步骤 01 进入“图生视频”页面，单击“运动笔刷”板块右侧的“使用”按钮，如图 4-58 所示。

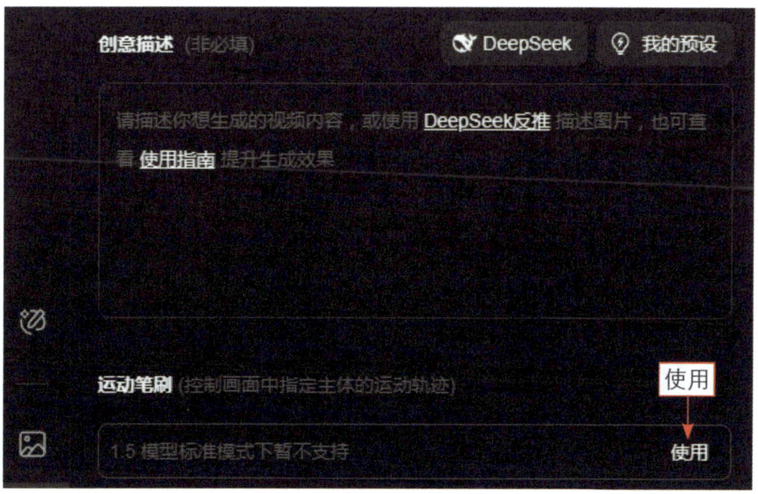

图 4-58　单击“使用”按钮

步骤 02 执行上述操作后，弹出“运动笔刷”功能面板，单击“点击 / 拖拽 / 粘贴”按钮，如图 4-59 所示。

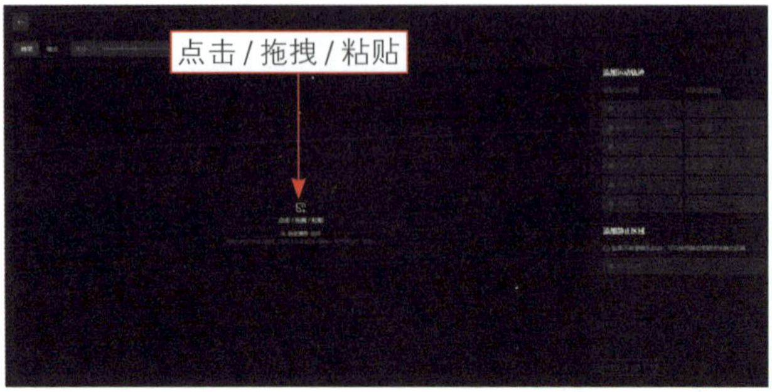

图 4-59　单击“点击 / 拖拽 / 粘贴”按钮

步骤 03 弹出“打开”对话框，❶ 选择要上传的图片；❷ 单击“打开”按钮，如图 4-60 所示，确定上传图片。

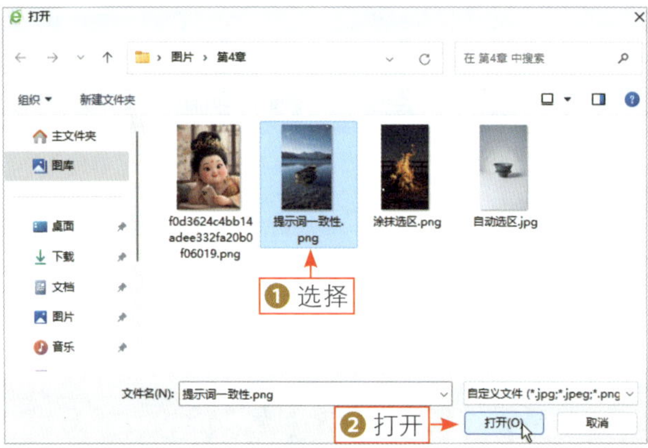

图 4-60　单击“打开”按钮

步骤 04 ❶ 单击“自动检测区域”按钮，开启自动检测模式；❷ 单击右侧的“区域 1”按钮；❸ 单击画面中的海面，如图 4-61 所示，将海面选为选区。

图 4-61　单击画面中的海面

步骤05 ❶ 单击“区域 1”右侧的“轨迹 1”按钮；❷ 在画面中的海面区域按住鼠标左键并向右拖曳，如图 4-62 所示，释放鼠标左键，所画线条会自动变成运动方向箭头，为海面设置向右的运动方向。

图 4-62　在画面中的海面区域按住鼠标左键并向右拖曳

步骤06 重复上述操作，❶ 为小船添加向右的运动轨迹；❷ 单击右下角的“确认添加”按钮，如图 4-63 所示，完成运动笔刷的设置，即为小船设置了运动方向。

图 4-63　单击“确认添加”按钮

步骤07 在“创意描述”文本框中输入与主体运动方向一致的提示词，如图 4-64 所示，单击“立即生成”按钮，即可根据设置的运动笔刷和视频参数生成视频。

图 4-64　设置视频的生成信息

本章小结

本章首先通过对比可灵 AI 的手机版和网页版界面，帮助创作者快速了解其功能布局与操作特点。接着重点聚焦于可灵 AI 的视频生成技术，详细介绍了多图参考生成视频、延长视频时长、生成对口型视频、首尾帧、设置基本运镜方式，以及使用运动笔刷制作运镜等核心功能。这些内容层层递进，从界面熟悉到技术应用，为创作者提供了全面的指导，助力其高效利用可灵 AI 创作优质短视频。

课后实训：双面女孩

扫码看教学视频

【效果展示】：在可灵 AI 短视频创作中，首尾帧的设计至关重要，它们是视频故事的起点与终点，能够瞬间抓住观众的注意力并留下深刻印象。下面将深入讲解如何精心打造首尾帧，从创意构思到视觉呈现，确保它们与视频主题完美契合，为整个短视频创作增添亮点，让作品在众多内容中脱颖而出，效果如图 4-65 所示。

图 4-65　效果展示

下面介绍首尾帧生成双面女孩的操作技巧。

步骤 01 进入“图生视频”界面，点击下方的“首尾帧”按钮，如图 4-66 所示。

步骤 02 执行上述操作后，点击上传图片按钮，如图 4-67 所示，弹出相应的面板，选择“相册选择”选项。

步骤 03 ❶ 进入“最近项目”界面，选择 1 张参考图上传，如果“选择首帧图”板块显示了刚刚选择的图片素材，就说明该图片素材上传成功了；❷ 若图片上传成功，点击“添加尾帧图”按钮，上传尾帧图，如图 4-68 所示，点击“立即生成”按钮，进行视频的生成。

图 4-66　点击相应的按钮

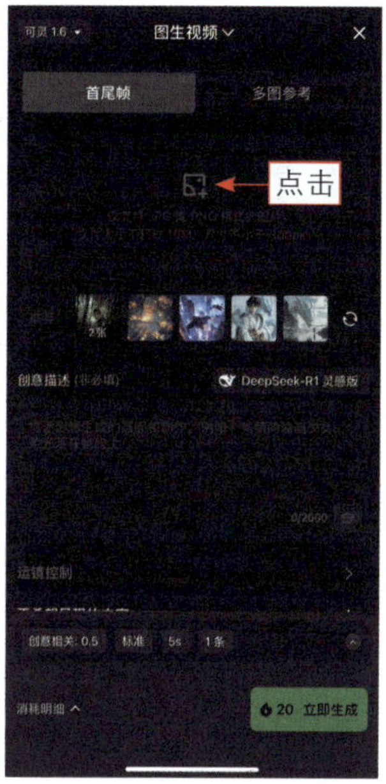

图 4-67　点击按钮

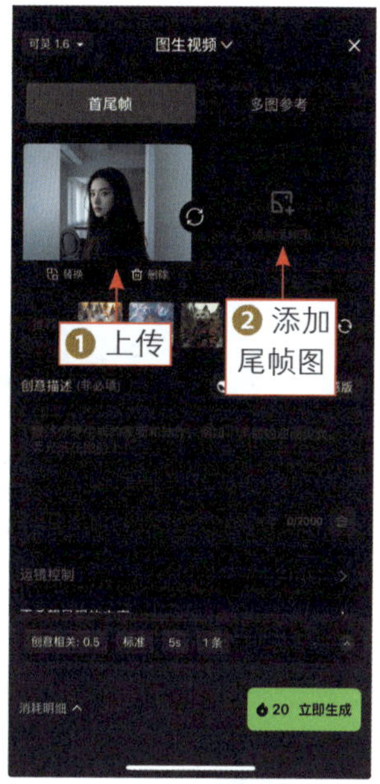

图 4-68　点击“添加尾帧图”按钮

剪映AI

第 5 章 剪映 AI 短视频的剪辑方法

本章将聚焦于剪映 AI 短视频的剪辑方法。通过速览剪映手机版和电脑版界面，带创作者快速了解它们的特点与操作。然后再深入剖析剪映的 AI 功能，包括一键成片、智能调色、AI 配音、数字人、AI 剪口播、AI 故事成片、AI 视频翻译、AI 生成营销视频和 AI 快速加字幕等，助力创作者高效创作。

5.1　剪映两个版本速览

本节将深入探索剪映的两个版本——手机版和电脑版。无论是便捷的手机操作，还是功能强大的电脑体验，剪映都能满足创作者的视频创作需求。创作者可以快速了解两个版本的界面特点和功能布局，为后续的高效使用打下坚实的基础。

5.1.1　手机版界面了解

扫码看教学视频

剪映手机版拥有简洁明了的界面设计和直观的操作方式，让创作者能够轻松上手并快速掌握软件的使用方法。下面以剪映 App 为例，介绍剪映手机版界面中的各主要功能模块，如图 5-1 所示。

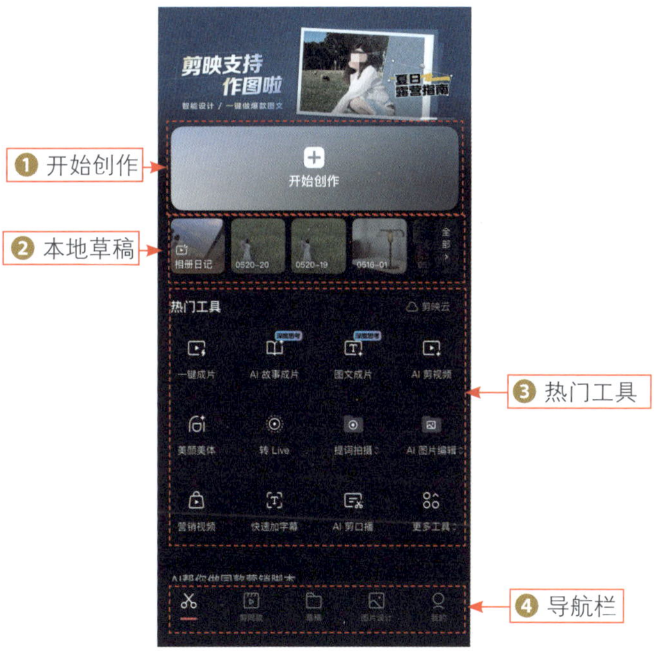

图 5-1　剪映手机版主界面

下面对剪映手机版界面中的各主要功能模块进行相关讲解。

❶ 开始创作：点击该按钮，即可开始导入照片或视频素材，进行内容创作。

❷ 本地草稿：这是一个草稿箱，其中显示了创作者创作过的所有视频内容。如果创作者需要继续编辑之前保存的草稿，只需在本地草稿中选中相应的项目，即可快速进入编辑状态，无须从头开始编辑视频，为创作者提供了极大的便利。

❸ 热门工具：其中包括多种剪映功能，如一键成片、AI 故事成片、图文成

片、AI 剪视频等，选择相应的选项，即可开始创作视频与各种效果的图片。

❹ 导航栏：导航栏中包括“剪辑”“剪同款”“草稿”“图片设计”“我的”5 个功能选项卡，每个标签中都包括特定的功能，为创作者提供了全面而便捷的视频编辑和社交体验。

5.1.2 电脑版界面了解

扫码看教学视频

剪映是一款由字节跳动旗下公司开发的视频剪辑工具，它具备全面的剪辑功能，支持变速、滤镜和美颜效果，并拥有丰富的曲库资源。在 AI 短视频生成方面，剪映提供了 AI 图文成片、图片生视频和文本生视频等多种功能，全方位地满足创作者的生成需求。在“首页”界面中单击“开始创作”按钮，即可进入剪映电脑版的视频编辑界面，其组成如图 5-2 所示。

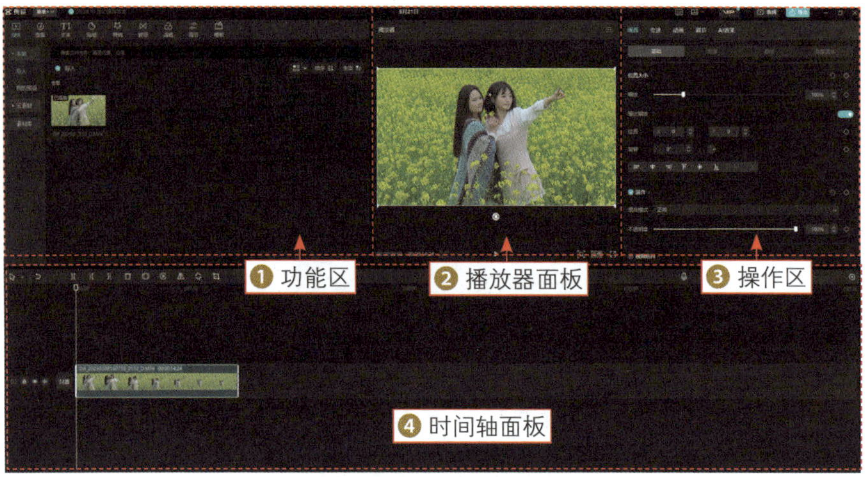

图 5-2　剪映电脑版的视频编辑界面

下面对剪映电脑版视频编辑界面中的各主要部分进行介绍。

❶ 功能区：功能区中包括剪映的媒体、音频、文本、贴纸、特效、转场、滤镜、调节和模板这 9 大功能模块。

❷ 播放器面板：在该面板中，创作者可以查看素材的画面效果；单击“比例”按钮，在弹出的下拉列表中选择相应的画布尺寸比例，可以调整视频的画面尺寸大小。

❸ 操作区：操作区中提供了画面、音频、变速、动画、调节和 AI 效果等调整功能，当创作者选择轨道上的素材后，操作区就会显示各调整功能。另外，创作者导入不同格式的素材时，操作区中的功能也会有所不同。

❹ 时间轴面板：该面板提供了选择、撤销、恢复、分割、向左裁剪、向右裁剪、删除、添加标记、定格、倒放、镜像、旋转、调整大小和智能剪口播等常用剪辑功能，当创作者将素材添加或拖曳至该面板中时，会自动生成相应的轨道。

5.2　剪映的AI视频剪辑功能

从一键成片到AI剪视频，从智能调色到AI配音，再到数字人、超清视频等，这些功能将为创作者的创作带来极大的便利。无论是AI剪口播、AI故事成片，还是AI视频翻译、AI生成营销视频，以及AI快速加字幕，都能让视频制作更高效、效果更专业。

5.2.1　一键成片

扫码看教学视频

【效果展示】：随着技术的进步，无人机航拍已经成为一种非常流行的摄影方式。而无人机航拍的视频素材也可以通过套用模板，一键生成一段航拍大片，让素材更具高级感。这种技术不仅可以让普通创作者轻松制作出高质量的视频，同时也为专业摄影师提供了一个新的创意空间，效果如图5-3所示

图5-3　效果展示

下面介绍在剪映手机版中使用一键成片制作视频的操作方法。

步骤 01 打开剪映手机版，进入“剪辑”界面，点击“一键成片”按钮，如图 5-4 所示。

步骤 02 ❶ 在“最近项目”|“视频”选项卡中依次选择 3 段视频；❷ 点击文本框的空白处，如图 5-5 所示。

步骤 03 ❶ 在文本框中输入提示词“航拍大片”；❷ 点击“下一步”按钮，如图 5-6 所示。

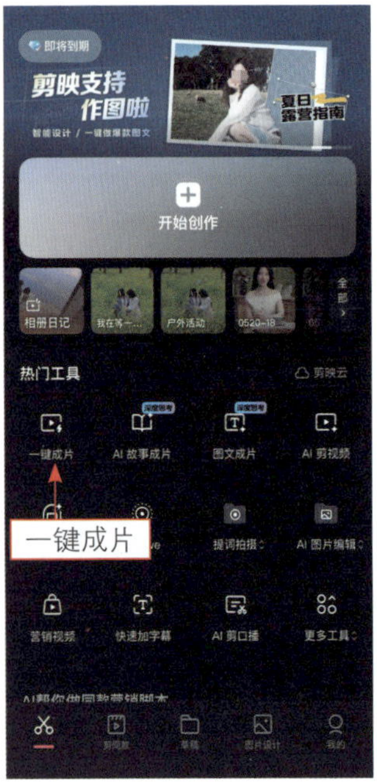

图 5-4　点击“一键成片”按钮

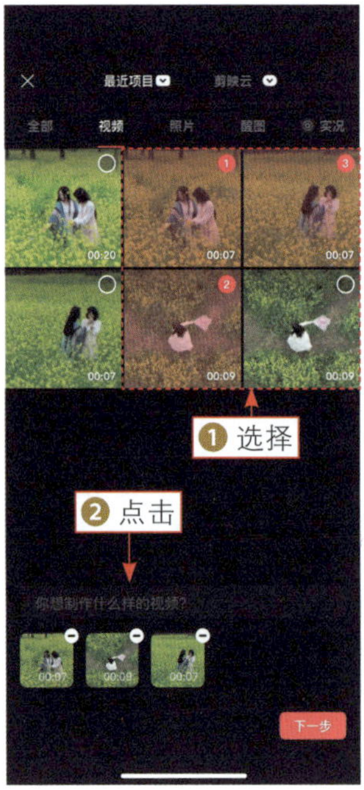

图 5-5　点击文本框的空白处

图 5-6　点击“下一步”按钮

☆ 专家提醒

创作者可以自由选择多种素材，无论是图片、视频片段，还是音频文件，剪映都能轻松应对。凭借其强大的 AI 技术，剪映会根据素材的风格、内容和节奏，智能生成合适的视频效果。

步骤 04 稍等片刻，即可生成视频，如图 5-7 所示。

步骤 05 点击“导出”按钮，如图 5-8 所示。

步骤 06 弹出“导出设置”面板，在其中点击按钮，如图 5-9 所示，把视频导出至本地相册中。

图 5-7　生成视频

图 5-8　点击“导出”按钮

图 5-9　点击按钮

5.2.2　AI 剪视频

扫码看教学视频

【效果展示】：在深入介绍了 AI 短视频的创作与现状之后，接下来将聚焦于一个关键环节——AI 剪视频。视频剪辑是将拍摄素材转化为精彩作品的重要步骤，而 AI 技术的介入为这一过程带来了前所未有的便捷。效果如图 5-10 所示。

下面介绍在剪映手机版“AI 剪视频”功能的使用方法。

步骤 01 在剪映手机版的“剪辑”界面中点击“更多工具”按钮，弹出相应的面板，点击“AI 剪视频”按钮，如图 5-11 所示，进入“AI 剪视频”界面。

图 5-10

图 5-10　效果展示

步骤 02 点击“上传素材”按钮，如图 5-12 所示。

步骤 03 在“最近项目”界面，选择两段视频素材，如图 5-13 所示，点击“下一步”按钮，即可导入素材。

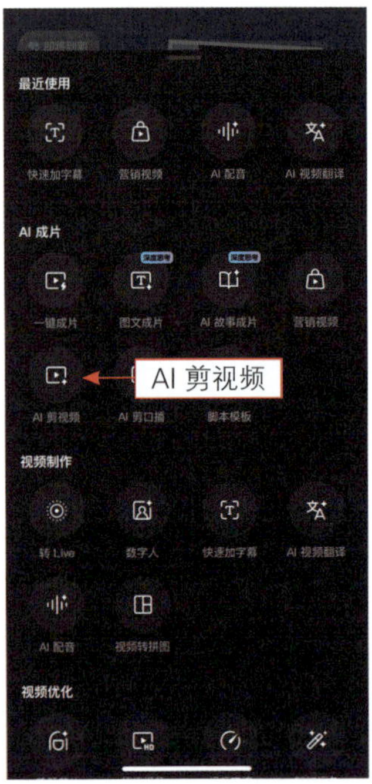

图 5-11　点击“AI 剪视频”按钮

图 5-12　点击“上传素材”按钮

图 5-13　选择两段视频素材

步骤 04 在“描述视频主题”文本框中，输入相应的提示词，如图 5-14 所示。

步骤 05 点击“生成视频”按钮，如图 5-15 所示，稍等片刻，即可自动生成 3 段视频。

步骤 06 查看视频效果，如图 5-16 所示。

图 5-14　输入提示词

图 5-15　点击“生成视频”按钮

图 5-16　查看视频效果

步骤 07 选择一个满意的视频效果，如图 5-17 所示。

步骤 08 点击“导出”按钮，如图 5-18 所示，即可将视频保存至相册中。

图 5-17　选择一个满意的视频效果

图 5-18　点击“导出”按钮

5.2.3 智能调色

扫码看教学视频

【效果对比】：如果视频画面过曝或者欠曝，色彩也不够鲜艳，就可以使用“智能调色”功能，对画面进行自动调色。创作者还可以通过调整相应的调节参数，让视频画面更靓丽。素材与效果图对比如图 5-19 所示。

图 5-19　素材与效果图对比

下面介绍在剪映手机版中智能调色的操作方法如下。

步骤 01 将素材导入视频轨道，❶ 选择素材；❷ 在下方的工具栏中点击“调节”按钮，如图 5-20 所示。

步骤 02 进入“调节”选项卡，选择“智能调色”选项，即可进行快速调色，优化视频画面，如图 5-21 所示。

步骤 03 ❶ 选择“饱和度”选项；❷ 设置其参数值为 10，使画面中的色彩更浓郁，优化调色效果，如图 5-22 所示。

图 5-20　点击“调节”按钮

图 5-21　选择“智能调色”选项

图 5-22　设置“饱和度”参数

步骤 04 点击确认按钮，确认操作，如图 5-23 所示。

步骤 05 执行操作后，点击“导出”按钮，如图 5-24 所示，即可导出视频。

图 5-23　点击确认按钮

图 5-24　点击“导出”按钮

5.2.4 AI 配音

扫码看教学视频

【效果展示】： 剪映的 AI 配音功能通过语音合成技术，将文字内容自动转换为语音，适用于视频旁白、广告宣传、短视频配音等多种场景。这项功能不仅节省了手动配音的时间和精力，还提供了丰富的音色风格和语言选择，满足不同创作者的需求，视频效果如图 5-25 所示。

图 5-25　视频效果

☆ 专家提醒

AI 配音功能也支持上传带有原声的视频，只需确保视频中的声音与上传的文本内容保持一致即可。

下面介绍使用 AI 配音功能的操作方法。

步骤 01 在剪映手机版的“剪辑”界面中点击“更多工具”按钮，弹出相应的面板，点击“AI 配音”按钮，如图 5-26 所示。

步骤 02 进入相应的界面，点击文本框，如图 5-27 所示。

步骤 03 ❶ 在输入框中输入相应的文案；❷ 点击“应用”按钮，如图 5-28 所示。

步骤 04 点击“更多音色”按钮，如图 5-29 所示。

步骤 05 ❶ 切换至“童声”选项卡；❷ 选择“乖巧女孩”音色；❸ 点击下拉按钮，生成配音，如图 5-30 所示。

步骤 06 点击“生成音频并剪辑”按钮，如图 5-31 所示。

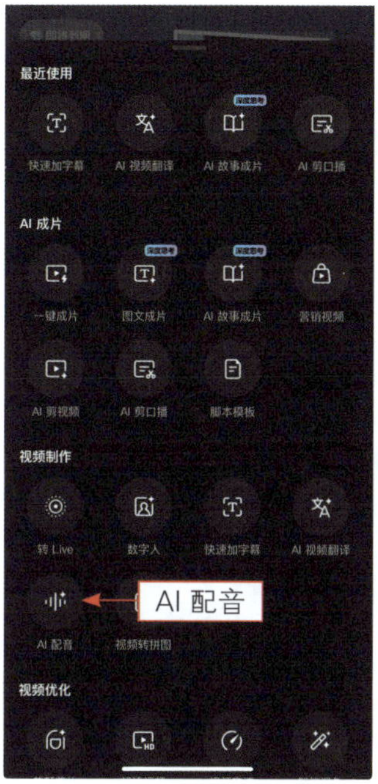

图 5-26　点击“AI 配音”按钮

图 5-27　点击文本框

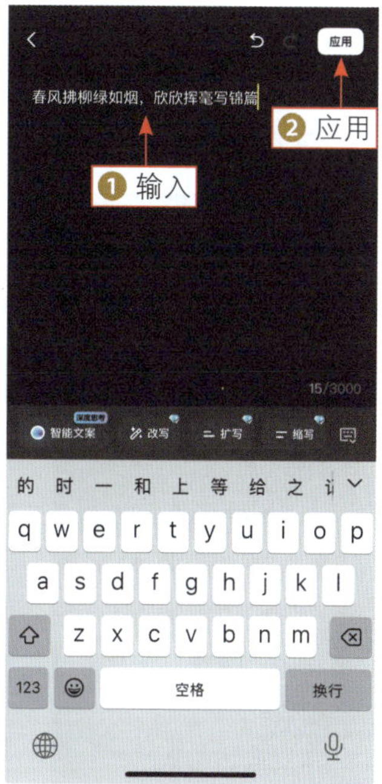

图 5-28　点击“应用”按钮

图 5-29　点击“更多音色”按钮

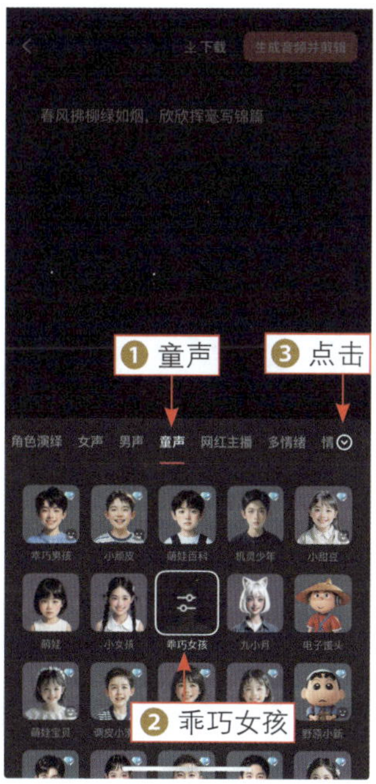

图 5-30　点击下拉按钮

图 5-31　点击相应按钮

步骤 07 进入剪映视频编辑界面，点击添加按钮+，如图 5-32 所示。

步骤 08 进入“最近项目”界面，❶ 在“视频”选项卡中选择一段视频；❷ 点击“添加”按钮，如图 5-33 所示，添加视频素材。

步骤 09 点击播放按钮▷，查看效果，如图 5-34 所示。

图 5-32　点击添加按钮+

图 5-33　点击“添加”按钮

图 5-34　点击播放按钮▷

步骤 10 如果对效果满意，即可点击“导出”按钮，如图 5-35 所示，导出视频。

步骤 11 界面上方显示“已保存到相册和草稿”，证明已将视频保存至相册中，如图 5-36 所示。

图 5-35　点击“导出”按钮

图 5-36　显示相应的文字

☆ 专家提醒

创作者还可以根据自身的喜好，点击“文本”按钮，在文本界面中调整文本样式，改变视频文本的呈现效果。

5.2.5　数字人

扫码看教学视频

【效果展示】：剪映的数字人拥有丰富的表情和肢体动作。借助智能算法，数字人能够根据文案和音频内容生成相应的面部表情和肢体动作，使视频更加生动逼真，视频效果如图5-37所示。

图5-37　视频效果

下面介绍使用AI数字人功能的操作方法。

步骤01 打开剪映手机版，点击“开始创作”按钮，如图5-38所示。

步骤02 ❶ 切换至“素材库”|“热门”选项卡；❷ 选择一个透明底素材，如图5-39所示。

步骤03 点击“添加”按钮，如图5-40所示。

步骤04 在一级工具栏中点击“比例”按钮，如图5-41所示。

步骤05 ❶ 在“比例”面板中选择9∶16选项；❷ 点击确认按钮☑，如图5-42所示，修改视频比例。

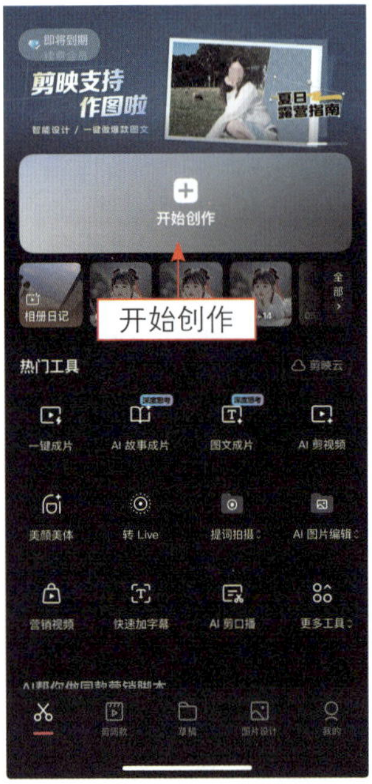

图 5-38　点击“开始创作”按钮

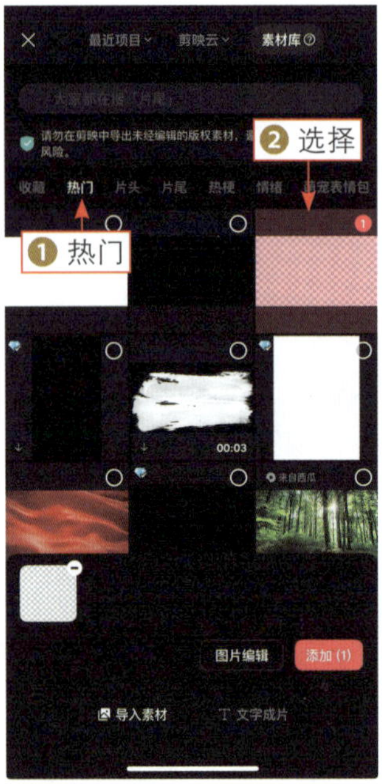

图 5-39　选择一个透明底素材

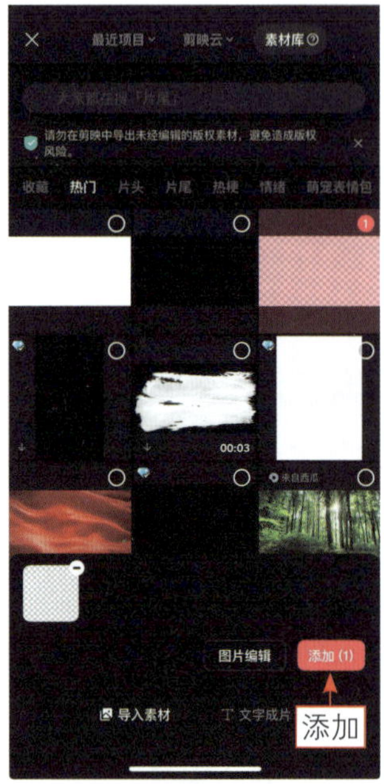

图 5-40　点击“添加”按钮

步骤 06 在一级工具栏中点击“数字人”按钮，如图 5-43 所示，即可为视频添加数字人。

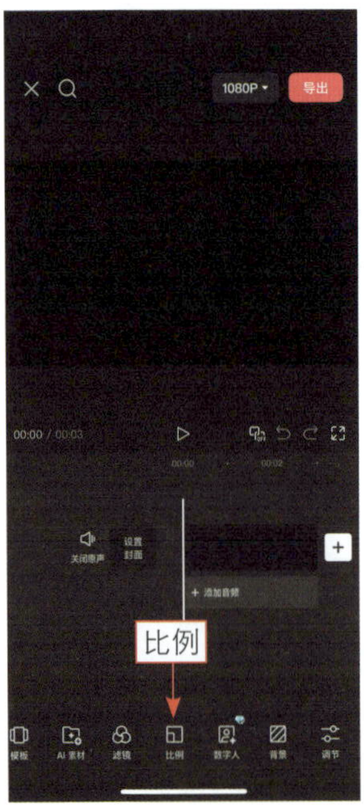

图 5-41　点击“比例”按钮

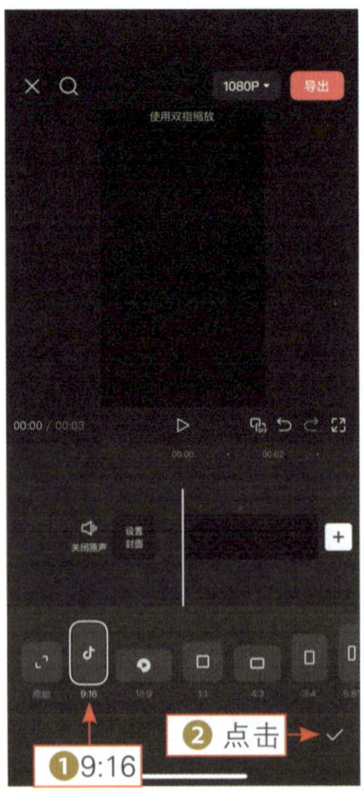

图 5-42　点击确认按钮✓

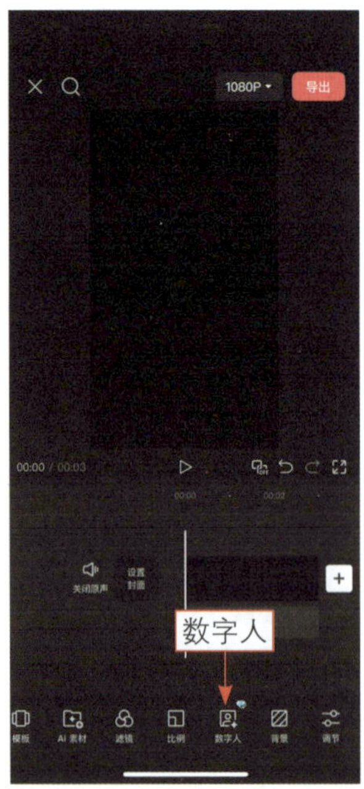

图 5-43　点击“数字人”按钮

步骤 07 ❶ 在“形象”|“热门”选项卡中选择“楠楠－优雅”选项；❷ 点击“下一步”按钮，如图 5-44 所示。

步骤 08 ❶ 在“输入文案”输入框中输入视频文案；❷ 点击“生成”按钮，如图 5-45 所示。

步骤 09 弹出“积分消耗提醒”对话框，点击“确认使用”按钮，如图 5-46 所示，稍等片刻，即可生成一段数字人视频。

图 5-44　点击“下一步”按钮

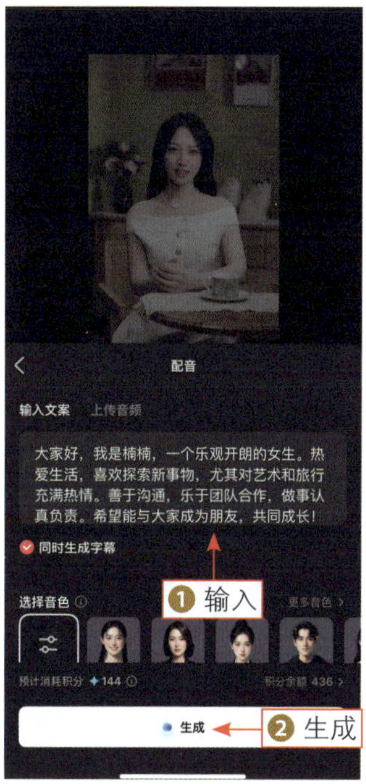

图 5-45　点击“生成”按钮

图 5-46　点击“确认使用”按钮

☆ 专家提醒

这里的积分消耗规则与创作者提供的字幕内容量相关，文字内容越多，消耗的积分也就越多。

步骤 10 点击“文本”按钮，如图 5-47 所示。

步骤 11 ❶ 选择字幕素材；❷ 点击“编辑字幕”按钮，如图 5-48 所示。

步骤 12 ❶ 选择第一句字幕；❷ 点击 Aa 按钮，如图 5-49 所示。

步骤 13 切换至“字体”|“基础”选项卡，如图 5-50 所示。

步骤 14 选择一个合适的字体，如图 5-51 所示，更改文字的字体。

步骤 15 切换至“样式”选项卡，如图 5-52 所示。

图 5-47　点击“文本”按钮

图 5-48　点击“编辑字幕”按钮

图 5-49　点击 Aa 按钮

图 5-50　切换至“基础”选项卡

图 5-51　选择一个合适的字体

图 5-52　切换至“样式”选项卡

步骤 16 选择一个文字样式，如图 5-53 所示，即可更改文字的样式。

步骤 17 切换至“动画”|“入场”选项卡，如图 5-54 所示。

步骤 18 选择“预览打字”动画，如图 5-55 所示。

图 5-53　选择一个样式

图 5-54　切换至“入场”选项卡

图 5-55　选择“预览打字”动画

步骤 19 点击确认按钮✓，查看数字人视频效果，如图 5-56 所示。

步骤 20 点击“导出”按钮，如图 5-57 所示，即可导出视频。

图 5-56　点击确认按钮✓

图 5-57　点击“导出”按钮

5.2.6 超清视频

扫码看教学视频

【效果展示】：在视频创作与观看体验不断升级的当下，画质成为打动人心的关键要素。而超清视频，以其无与伦比的细节与真实感，正重新定义着视觉盛宴的标准，效果如图 5-58 所示。

图 5-58 效果展示

下面介绍在剪映手机版中制作超清视频操作方法。

步骤 01 在剪映手机版的“剪辑”界面中点击“更多工具”按钮，弹出相应的面板，点击“超清视频”按钮，如图 5-59 所示，进入“最近项目”界面。

步骤 02 选择 1 段视频素材，如图 5-60 所示，即可自动进入“画质提升”面板。

步骤 03 此时剪映已自动调整了参数，如图 5-61 所示。

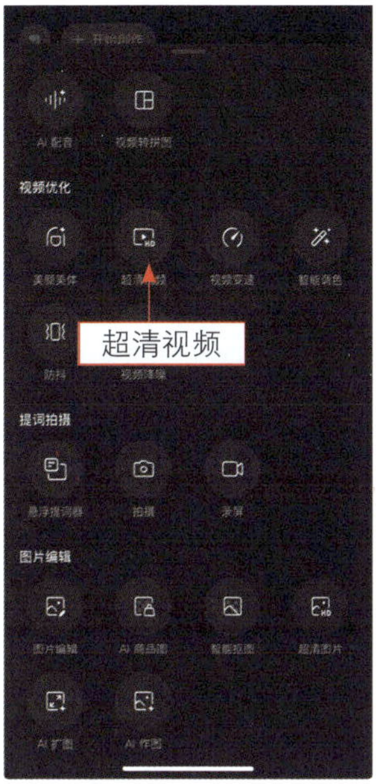

图 5-59　点击“超清视频”按钮

图 5-60　选择 1 段视频素材

图 5-61　自动调整参数

步骤 04 点击“导出”按钮，如图 5-62 所示。

步骤 05 界面上方显示“已保存到相册和草稿”，证明视频已保存至相册中，如图 5-63 所示。

图 5-62　点击“导出”按钮

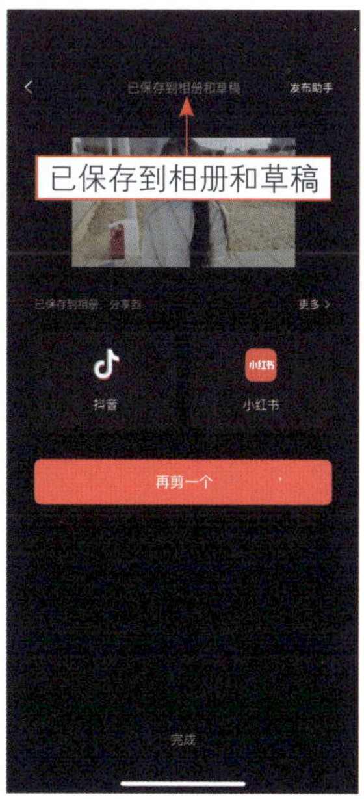

图 5-63　显示“已保存到相册和草稿”

5.2.7 AI 剪口播

扫码看教学视频

【效果展示】：随着短视频行业的迅猛发展，口播视频凭借直接、高效的信息传递，成为创作者的“流量密码”。但传统剪辑耗时耗力，此时 AI 剪口播功能应运而生，利用智能技术为创作带来了全新变革，轻松实现高效与创意的完美融合，效果如图 5-64 所示。

图 5-64　效果展示

下面介绍在剪映手机版利用 AI 剪口播功能的方法。

步骤 01 在剪映手机版的“剪辑”界面中点击“更多工具”按钮，弹出相应的面板，点击“AI 剪口播”按钮，如图 5-65 所示，进入“视频”界面。

步骤 02 ❶ 选择 1 段视频素材；❷ 点击“添加”按钮，如图 5-66 所示，即可添加视频素材。

步骤 03 稍等片刻，识别出字幕，如图 5-67 所示。

步骤 04 双击字幕，即可修改字幕，如图 5-68 所示。

步骤 05 点击确认按钮，确认操作，如图 5-69 所示。

步骤 06 点击播放按钮，如图 5-70 所示，查看修改视频后的效果。

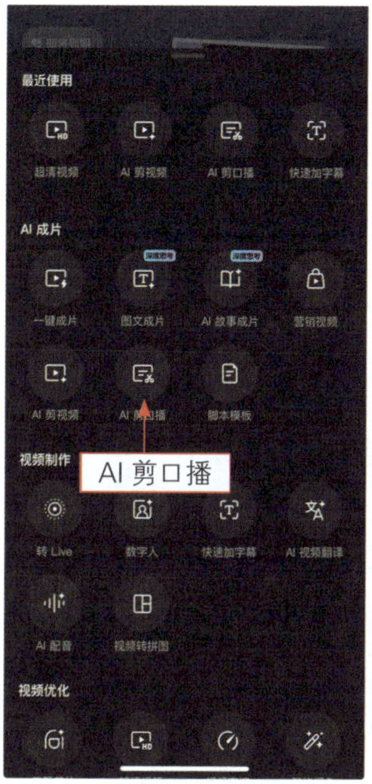

图 5-65　点击“AI 剪口播”按钮

图 5-66　点击“添加”按钮

图 5-67　识别出字幕

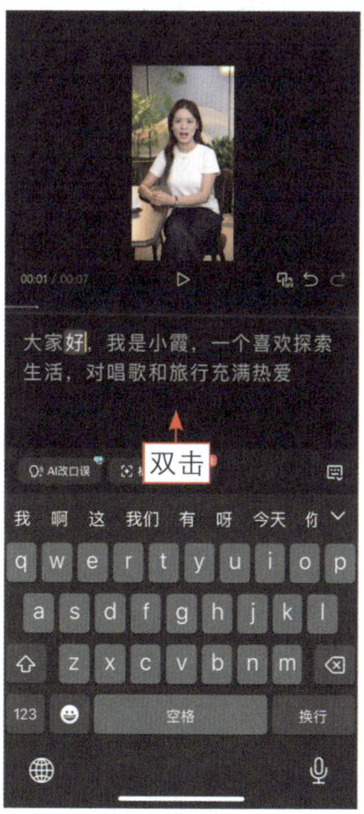

图 5-68　双击字幕

图 5-69　点击确认按钮

图 5-70　点击播放按钮

步骤 07 点击“导出”按钮，如图 5-71 所示。

步骤 08 界面上方显示“已保存到相册和草稿”，证明视频已被保存至相册中，如图 5-72 所示。

图 5-71　点击“导出”按钮

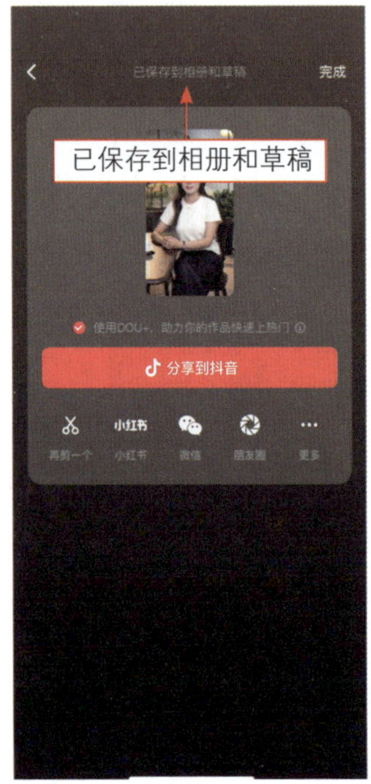

图 5-72　显示“已保存到相册和草稿”

☆ 专家提醒

创作者若需添加文字，可能会消耗积分。消耗积分后，这些功能往往能带来更好的创作效果和体验，帮助创作者提升作品的质量和吸引力。

5.2.8　AI 故事成片

扫码看教学视频

【效果展示】：在想象力的无垠天地里，故事的诞生与呈现始终充满魅力。当 AI 技术与故事创作相遇后，一场奇妙的革新就此开启。AI 故事成片功能打破传统创作边界，以智能之力将创作者天马行空的构思快速转化为生动的影像，重塑创作的无限可能，效果如图 5-73 所示

下面介绍在剪映手机版中使用 AI 故事成片功能的操作方法。

步骤 01 在剪映手机版的“剪辑”界面中点击“AI 故事成片”按钮，进入“AI 故事成片”界面，如图 5-74 所示。

图 5-73　效果展示

步骤 02 点击“添加文案”下方的输入框，进入“添加文案”界面，在输入框中输入相应的提示词，如图 5-75 所示，即可添加视频素材。

步骤 03 点击“完成”按钮，如图 5-76 所示，确认操作。

图 5-74　进入“AI 故事成片”界面

图 5-75　输入提示词

图 5-76　点击“完成”按钮

步骤 04 在“画面风格”选项区中选择“卡通”选项，如图 5-77 所示，修改视频的画面风格。

步骤 05 点击“生成视频”按钮，如图 5-78 所示。

步骤 06 弹出“积分消耗提醒”面板，点击“确认使用”按钮，如图 5-79 所示。

图 5-77　选择“卡通”选项

图 5-78　点击“生成视频”按钮

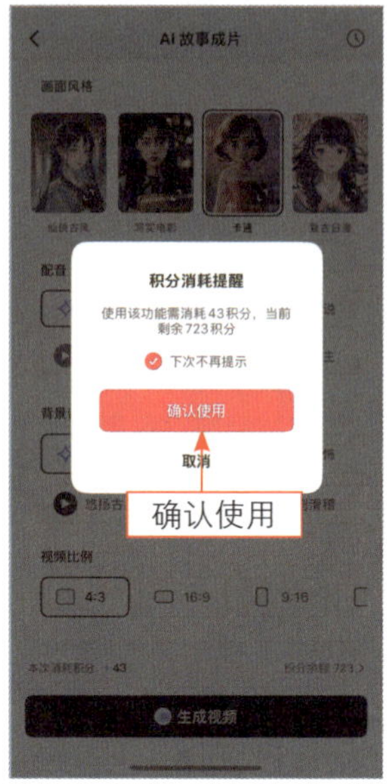

图 5-79　点击“确认使用”按钮

步骤 07 稍等片刻，即可生成一段视频，如图 5-80 所示。

步骤 08 点击“导出”按钮，如图 5-81 所示。

步骤 09 界面上方显示“已保存到相册和草稿”，证明视频已被保存至相册中，如图 5-82 所示。

图 5-80　生成一段视频

图 5-81　点击“导出”按钮

图 5-82　显示“已保存到相册和草稿”

5.2.9　AI 视频翻译

扫码看教学视频

【效果展示】：在探索剪映 AI 剪辑功能的旅程中，大家已经领略了多种强大的工具如何助力视频创作。接下来将聚焦于一个极具实用性的功能——AI 视频翻译。无论是拓展内容的国际影响力，还是为多语言观众提供便利，AI 视频翻译都能轻松实现。它不仅能快速准确地转换语言，还能保持视频的流畅性和自然感，让创作者的视频作品跨越语言障碍，触达更广泛的受众，效果如图 5-83 所示

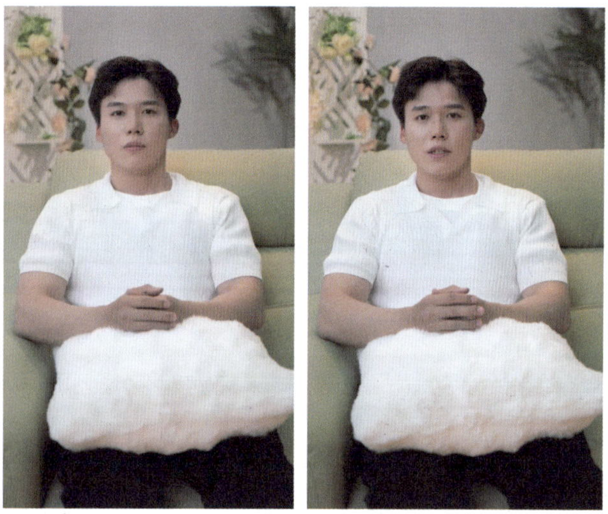

图 5-83　效果展示

下面介绍在剪映手机版中使用 AI 视频翻译功能的操作方法。

步骤 01 在剪映手机版的“剪辑”界面中点击“更多工具”按钮，弹出相应的面板，点击“AI 视频翻译”按钮，如图 5-84 所示。

步骤 02 ❶ 选择 1 段视频素材；❷ 点击“确认”按钮，如图 5-85 所示，即可添加视频素材。

步骤 03 弹出“视频翻译”面板，点击“选择语言”右侧的更多按钮，弹出“原始语言”面板，选择“英语”选项，如图 5-86 所示，确认视频素材的语言。

步骤 04 点击返回按钮 <，点击“选择目标翻译语言”右侧的下拉按钮，选择“中文”选项，如图 5-87 所示，确认视频翻译后的语言。

步骤 05 点击“开始处理”按钮，如图 5-88 所示。

步骤 06 弹出“积分消耗提醒”面板，点击“确认使用”按钮，如图 5-89 所示，即可生成一段视频。

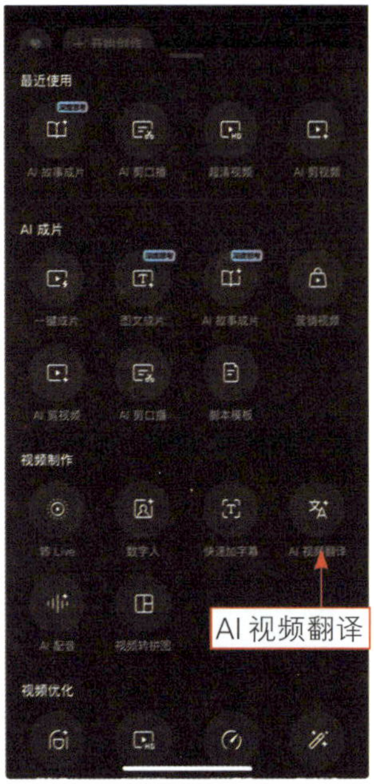

图 5-84　点击“AI 视频翻译”按钮

图 5-85　点击“确认”按钮

图 5-86　选择“英语”选项

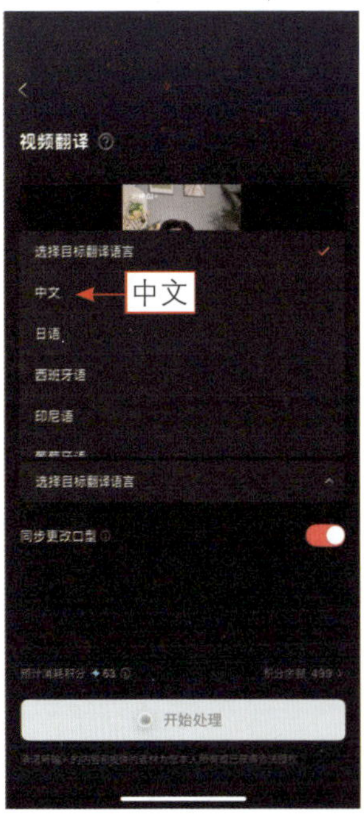

图 5-87　选择“中文”选项

图 5-88　点击“开始处理”按钮

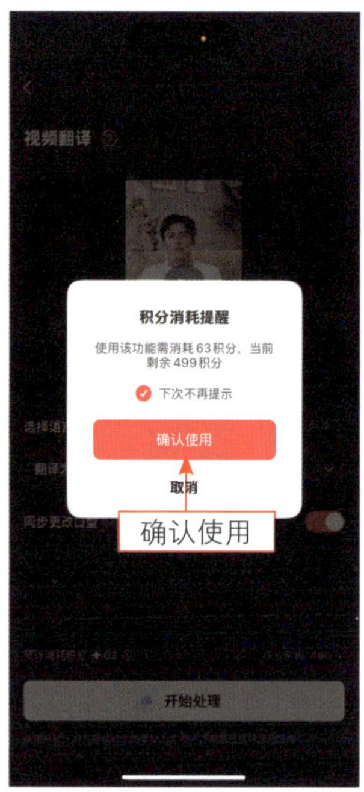

图 5-89　点击“确认使用”按钮

步骤 07 点击播放按钮▷，如图 5-90 所示，查看修改视频后的效果。

步骤08 点击“导出”按钮，如图 5-91 所示。

步骤09 界面上方显示“已保存到相册和草稿”，证明视频已被保存至相册中，如图 5-92 所示。

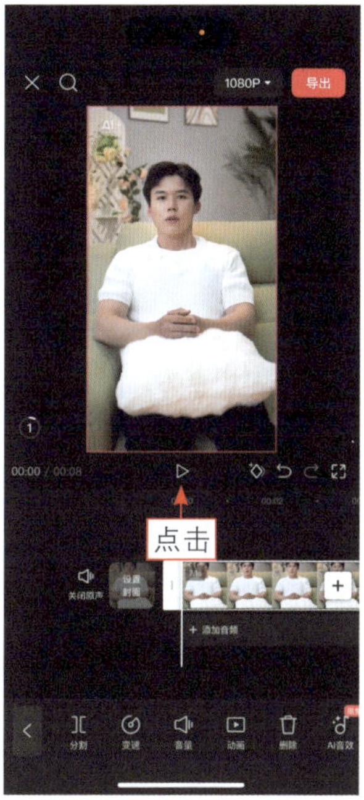

图 5-90　点击播放按钮▷

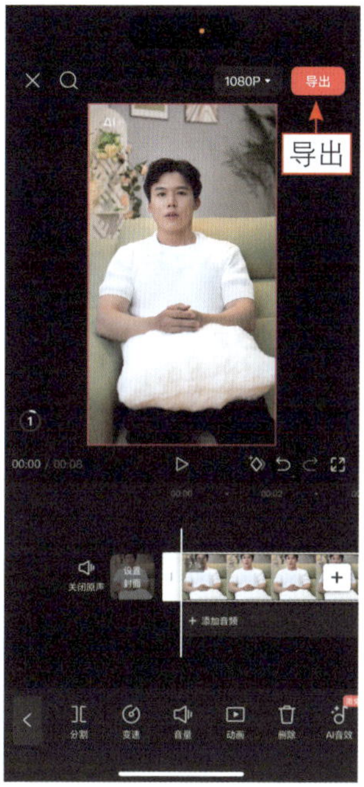

图 5-91　点击“导出”按钮

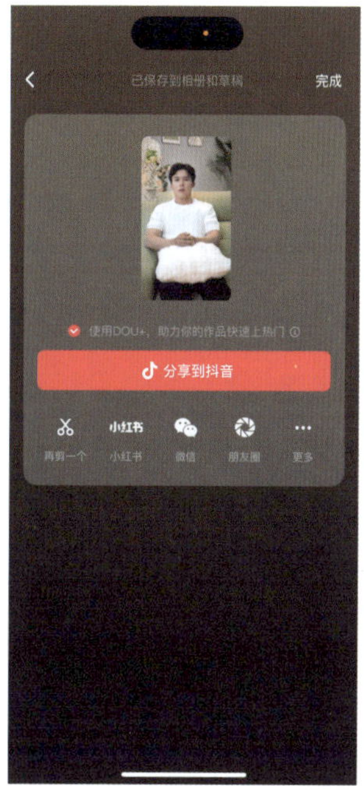

图 5-92　显示“已保存到相册和草稿”

5.2.10　AI 生成营销视频

扫码看教学视频

【效果展示】：剪映手机版的“营销视频”功能可以帮助创作者快速完成营销短视频的制作，创作者只需上传产品素材，并提供产品名称和卖点，就能一键生成营销推广视频，效果如图 5-93 所示。

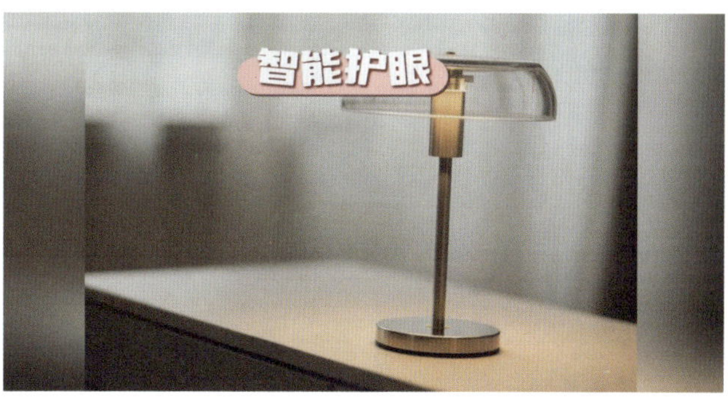

图 5-93

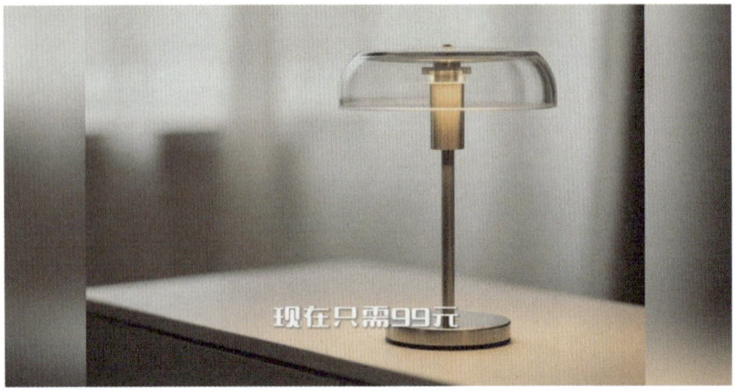

图 5-93　效果展示

下面介绍在剪映手机版中利用 AI 生成营销视频的操作方法。

步骤 01 在剪映手机版的“剪辑”界面中点击“营销视频”按钮，如图 5-94 所示，进入“添加商品素材”界面。

步骤 02 在“添加商品素材”界面中，选择 3 段视频素材，如图 5-95 所示。

步骤 03 点击“下一步”按钮，如图 5-96 所示。

图 5-94　点击“营销视频”按钮

图 5-95　选择 3 段视频素材

图 5-96　点击“下一步”按钮

步骤 04 在“产品名称”和“产品卖点”下方的输入框中分别输入“台灯”“光线柔和，透光均匀，智能护眼”，如图 5-97 所示。

步骤 05 点击“展开更多”按钮，在“适合人群”和“优惠活动”下方的输入框中分别输入“学生，加班族”“端午福利，立减 30，现在只需要 99 元，限时”，如图 5-98 所示。

步骤 06 在“视频尺寸”选项区中选择 16 ∶ 9 选项，如图 5-99 所示，即可改变视频尺寸。

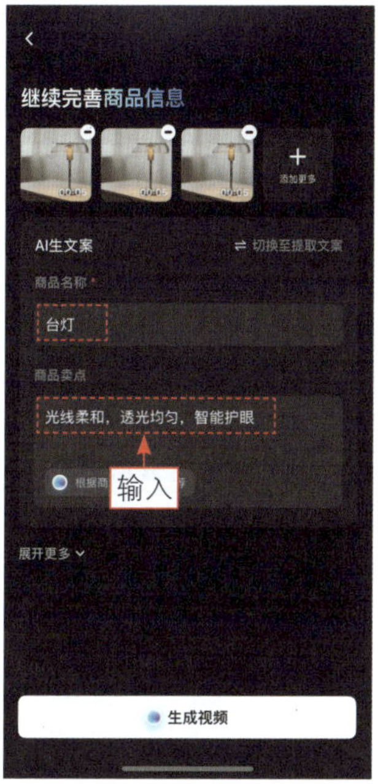

图 5-97　输入相应的内容

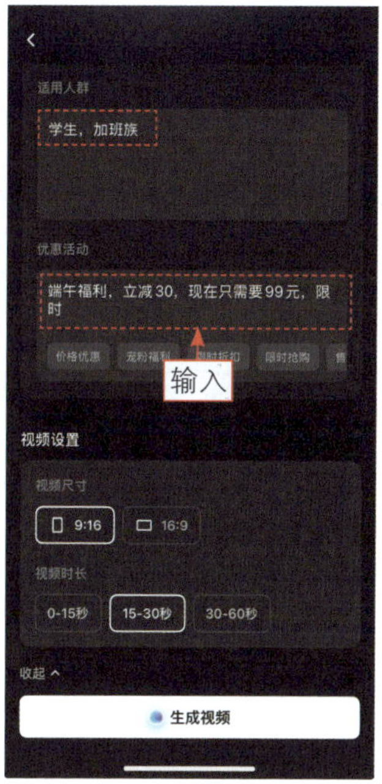

图 5-98　输入相应内容

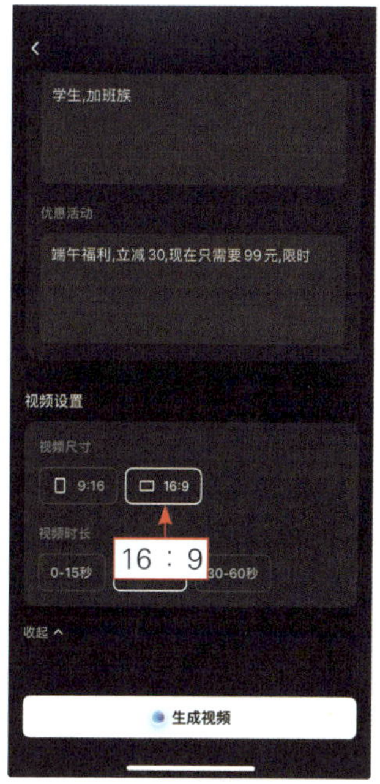

图 5-99　选择 16 ∶ 9 选项

☆ 专家提醒

视频尺寸最好与图片素材的尺寸保持一致。

步骤 07 在“视频时长”选项区中选择“15 ～ 30 秒”选项，如图 5-100 所示，即可设置视频的时长。

步骤 08 点击“生成视频”按钮，即可让 AI 根据提供的素材和信息创作文案，并自动生成营销短视频，如图 5-101 所示。

步骤 09 点击“导出”按钮，在弹出的“导出设置”对话框中点击“保存”按钮，即可导出制作好的营销短视频，如图 5-102 所示。

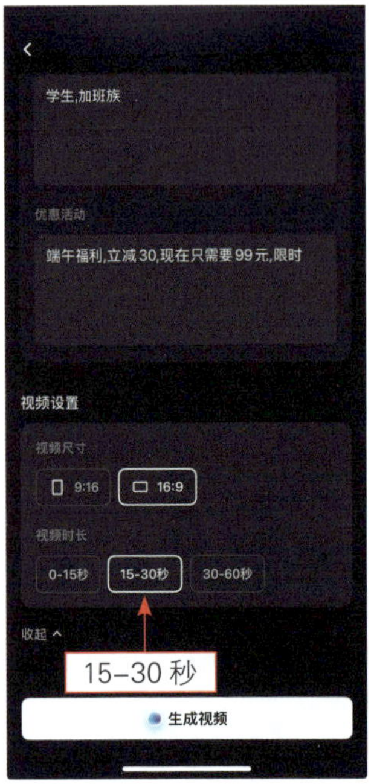

图 5-100　选择“15-30 秒”选项

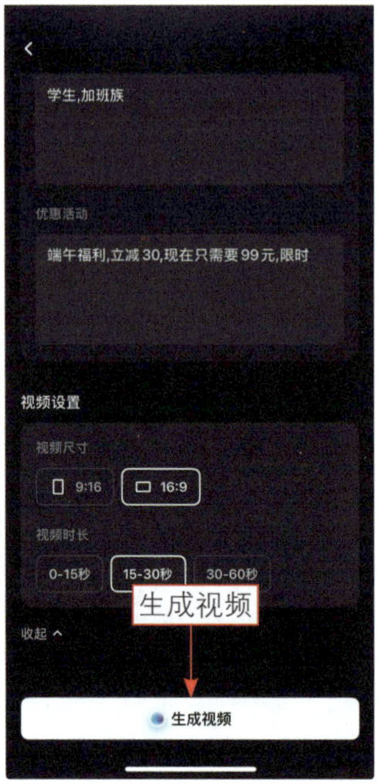

图 5-101　点击“生成视频”按钮

图 5-102　点击“保存”按钮

5.2.11　AI 快速加字幕

扫码看教学视频

【效果展示】：在短视频创作的快节奏浪潮中，字幕作为信息传递的重要载体，其制作效率直接影响创作体验。而 AI 快速加字幕功能宛如创作加速器，以智能技术精准地捕捉语音、自动生成字幕，让创作者告别逐字输入的烦琐，瞬间点亮内容表达的新速度，效果如图 5-103 所示。

图 5-103　效果展示

☆ 专家提醒

尽管AI识别技术在字幕生成方面展现出了强大的效率优势，但目前它仍无法完全避免出现识别误差。

AI识别的字幕可能存在多音字误判、方言词汇识别偏差、生僻字识别错误等情况，甚至会因背景噪声干扰导致语句错漏。

因此，在使用AI生成字幕后，务必对内容进行仔细检查，手动修改其中的错误文字，以此保证字幕的准确性和规范性，为观众带来更好的观看体验。

下面介绍在剪映手机版中使用AI快速加字幕功能的操作方法。

步骤 01 在剪映手机版的“剪辑”界面中点击“快速加字幕”按钮，如图5-104所示，进入“视频”界面。

步骤 02 ❶ 选择一段视频素材；❷ 点击“添加”按钮，如图5-105所示，即可添加视频素材。

步骤 03 弹出“识别字幕”面板，在“字幕模板”中挑选一个合适的模板，如图5-106所示，应用文字模板。

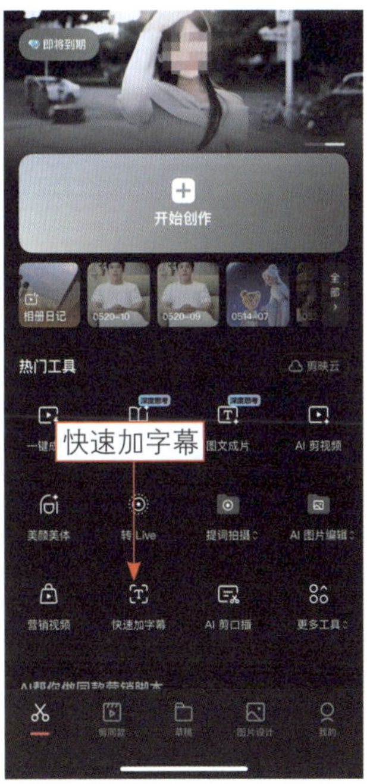

图5-104　点击“快速加字幕”按钮

图5-105　点击“添加”按钮

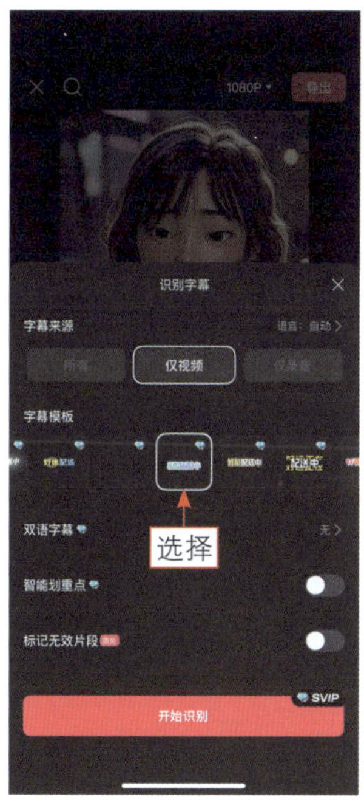

图5-106　挑选一个模板

步骤 04 点击“开始识别”按钮，如图5-107所示，即可识别字幕。

步骤 05 点击播放按钮▷，如图5-108所示，查看视频生成后的效果。

步骤 06 点击“导出”按钮，如图 5-109 所示，即可将视频保存至相册中。

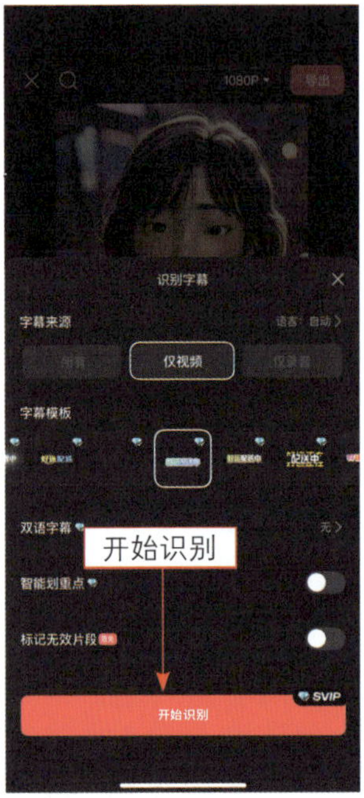

图 5-107　点击“开始识别”按钮

图 5-108　点击播放按钮▷

图 5-109　点击“导出”按钮

本章小结

本章详细介绍了剪映在 AI 短视频创作中的强大功能。首先，让大家熟悉剪映手机版和电脑版的界面特点，为高效剪辑奠定基础。接着重点讲解了剪映的 AI 功能：一键成片快速生成视频；AI 剪视频智能识别素材；智能调色优化视觉效果；AI 配音提供多样音效；数字人助力虚拟创作；超清视频提升画质；AI 剪口播精准剪辑；AI 故事成片自动整合；AI 视频翻译跨越语言障碍；AI 生成营销视频助力推广；AI 快速加字幕高效、便捷。这些功能极大地提升了创作效率和作品质量。

课后实训：一键调色

扫码看教学视频

【效果对比】：画面色彩是视频的情绪外衣，直接影响着观众的视觉感受与情感共鸣。传统调色往往需要专业技巧与大量时间，而智能调色功能的出现，打破了这一壁垒。它以智能算法为画笔，让创作者只需轻点一下，就能赋予视频惊艳且适配的色彩风格，轻松实现从平淡到吸睛的华丽蜕变，素材与效果图对比如图 5-110 所示。

图 5-110　素材与效果图对比

下面介绍在剪映手机版中一键调色的操作方法。

步骤 01 将素材导入视频轨道中，❶ 选择素材；❷ 在下方的工具栏中点击“调节”按钮，如图 5-111 所示。

步骤 02 进入“调节”选项卡，选择“智能调色”选项，即可进行快速调色，优化视频画面，如图 5-112 所示。

步骤 03 ❶ 选择“饱和度”选项；❷ 设置其参数值为 7，使画面中的色彩更浓郁，优化调色效果，如图 5-113 所示。

步骤 04 点击确认按钮✓，确认操作，如图 5-114 所示。

步骤 05 执行操作后，点击“导出”按钮，如图 5-115 所示，即可导出视频。

图 5-111　点击“调节”按钮

图 5-112　选择“智能调色”选项

图 5-113　设置“饱和度”参数

图 5-114　点击确认按钮✓

图 5-115　点击“导出”按钮

第 6 章 企业 LOGO AI 短视频创作：《凤舞工作室》

本章将借助豆包的图生提示词功能和即梦 AI 的文生图功能一键生成《凤舞工作室》企业 LOGO 短视频。本章将深入介绍如何通过简单的提示词，快速生成富有创意和视觉冲击力的企业 LOGO 短视频，开启高效的创作之旅。

6.1　全流程效果展示：《凤舞工作室》

【效果展示】：利用 AI 技术，即梦 AI 可以帮助创作者实现从文字到图像、视频及配音的多元创作，展现技术与艺术的融合与创意的多样表达，效果如图 6-1 所示。

图 6-1　效果展示

6.2　使用豆包图生提示词

扫码看教学视频

豆包图生提示词功能专注于将图片内容高效地转化为精准的文字描述。无论是复杂的场景、人物细节，还是抽象画面，它都能提取关键信息，生成简洁明了、富有逻辑的文字内容，帮助创作者快速了解图片核心，提升信息获取效率。

☆ 专家提醒

由于 DeepSeek 目前尚不具备图片生成提示词的功能，因此这里借助了豆包的图生提示词功能来实现相关需求。

下面介绍利用豆包图生提示词功能的操作方法。

步骤 01 进入豆包“新对话”界面，点击下方输入框右侧的添加按钮⊕，添加图片素材，如图 6-2 所示。

步骤 02 在弹出的面板中选择一张图片素材，如图 6-3 所示。

步骤 03 执行操作后，在输入框中输入相应的提示词，指导 AI 生成指定的内容，如图 6-4 所示，点击发送按钮 ，即可生成提示词。

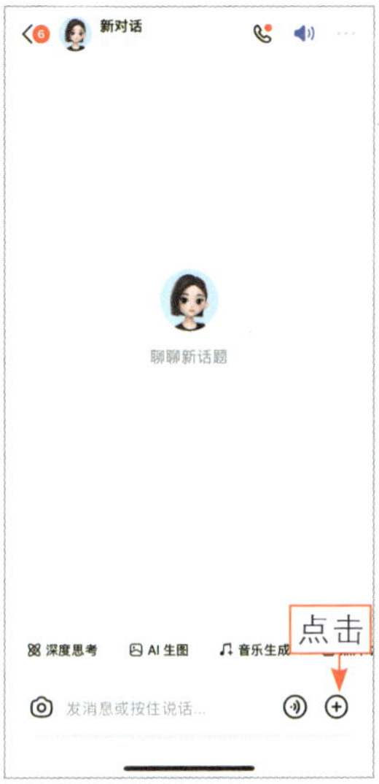

图 6-2　点击添加按钮⊕

图 6-3　选择一张图片素材

图 6-4　输入相应的提示词

☆ 专家提醒

如果对豆包生成的效果不满意，可点击“重新生成”按钮，反复生成，直到达到理想的效果。它支持多种风格，无论是写实、卡通还是油画风，都能满足创作者的创意需求。

6.3　使用即梦AI文生图片

扫码看教学视频

使用即梦 AI 的文生图片功能，可以轻松地将文字描述转化为生动的画面。只需输入清晰的提示词，即梦 AI 就能精准地生成对应的画面。它支持多种风格，无论是写实、卡通还是油画风，都能满足创作者的创意需求，为创作者的文字赋予视觉生命力。

下面介绍利用即梦 AI 文生图片功能的操作方法。

步骤 01 打开即梦 AI，点击“想象”按钮，进入“想象”界面，点击下方的输入框，输入相应的提示词，如图 6-5 所示，指导 AI 生成指定的内容。

步骤 02 点击“生成”按钮，如图 6-6 所示，即可生成 4 张效果图片。

步骤 03 这里即梦 AI 生成了让创作者满意的效果，但同时生成的文字错了，点击满意的图片，放大图片，如图 6-7 所示。

步骤 04 点击右上角的“编辑图片”按钮，如图 6-8 所示，对图片进行编辑。

步骤 05 进入相应的界面，点击下方的“局部重绘”按钮，如图 6-9 所示。

步骤 06 涂抹图片中的文字区域，在界面下面的输入框中输入需要修改的内容，如图 6-10 所示，点击“生成”按钮，即梦 AI 即可重新生成图片。

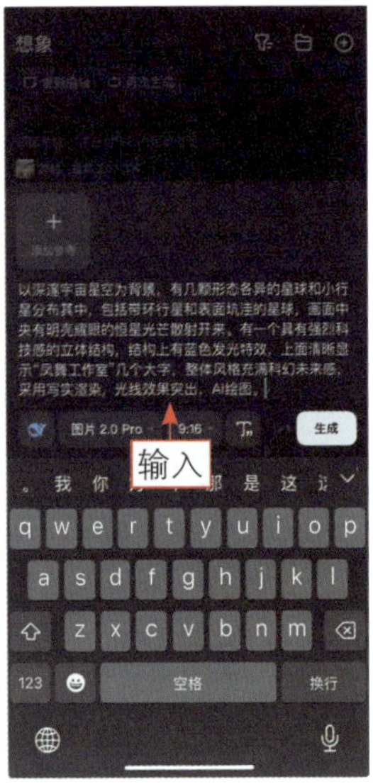

图 6-5　输入相应的提示词

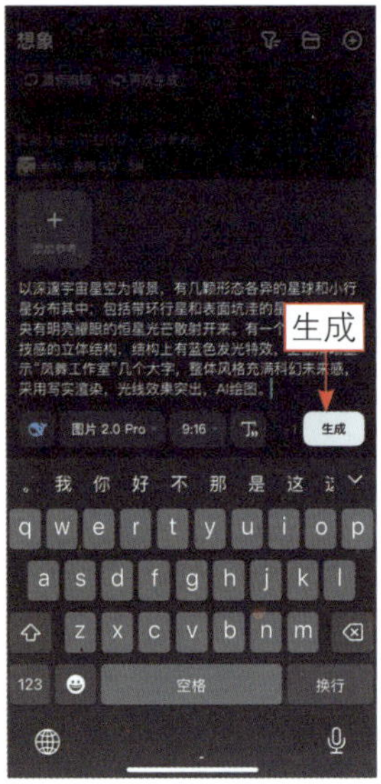

图 6-6　点击“生成”按钮

图 6-7　点击满意的图片

图 6-8　点击“编辑图片”按钮

图 6-9　点击“局部重绘”按钮

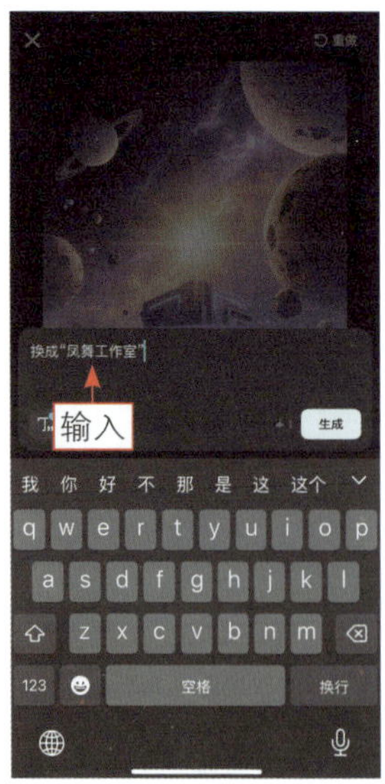

图 6-10　输入需要修改的内容

☆ 专家提醒

由于 AI 的能力存在一定的局限性，在生成文字时可能需要创作者多一些耐心。它可能会在理解复杂的指令、生成精准内容或满足特定风格要求时出现偏差或需要多次调整。建议创作者尽量提供清晰、简洁的指令，以便 AI 更好地了解创作者的需求，同时也可以通过多次尝试和优化，逐步获得更满意的结果。

6.4　使用即梦AI图生视频

扫码看教学视频

使用即梦 AI 的图生视频功能，可以将生成的图片一键转化为生动的视频，如果对效果不满意，还可以反复生成，直到达到满意的效果。这一功能大大简化了创作流程，让创意表达更加高效、便捷。

下面介绍利用即梦 AI 图生视频功能的操作方法。

步骤 01 选择一张刚刚生成的图片，点击图片，放大图片，如图 6-11 所示。

步骤 02 点击“超清”按钮，如图 6-12 所示，提升图片的清晰度。

步骤 03 点击生成的超清图片，放大图片，点击右侧的“生成视频”按钮，如图 6-13 所示。

图 6-11　放大图片

图 6-12　点击“超清”按钮

图 6-13　点击“生成视频”按钮

步骤04 在弹出的输入框中输入相应的提示词，如图 6-14 所示。

步骤05 点击“生成”按钮，如图 6-15 所示，即可生成一段视频。

步骤06 点击视频，放大查看视频效果，如图 6-16 所示，点击下载按钮，即可保存视频；如果对视频不满意也可以返回“想象”界面，点击“重新生成”按钮，让 AI 重新生成一段视频。

图 6-14　输入相应的提示词

图 6-15　点击“生成”按钮

图 6-16　查看视频

萌娃插秧

第 7 章
萌娃劳动 AI 短视频创作：《萌娃插秧》

本章将通过即梦 AI 为大家带来一部名为《萌娃插秧》的短片。这不仅是一次简单的视频创作，更是一次对传统农耕文化的深情致敬。下面一起跟随镜头，走进田野，感受萌娃们在插秧过程中的纯真与努力，见证他们在劳动中成长的美好瞬间。这将是一段充满温暖与希望的旅程，相信会触动每一个人的心弦。

7.1 全流程效果展示：《萌娃插秧》

【效果展示】：本节通过即梦 AI 的全流程效果展示，走进《萌娃插秧》的温馨故事。从萌娃们稚嫩的小手拿起秧苗，到他们认真地将秧苗插入田间，每一个细节都充满了童趣与质朴。让我们一同跟随镜头，感受这份来自大地的温暖与希望，见证传统农耕文化在新一代手中的传承与延续，效果如图 7-1 所示。

图 7-1 效果展示

7.2　即梦AI文生图

扫码看教学视频

即梦 AI 中的图片 3.0 模型能够精准地还原真实细节和质感，去除 AI 图像常见的虚饰感和假脸感，也支持专业级的画面效果，包括更准确的电影类型和镜头语言响应。

下面介绍在即梦 AI 手机版中制作萌娃图片的操作方法。

步骤 01 打开即梦 AI 手机版，在“想象”界面中点击输入框，如图 7-2 所示。

步骤 02 ❶ 在输入框中输入相应的提示词；❷ 默认使用的模型为“图片 3.0”、比例为 9 ： 16，如图 7-3 所示。

步骤 03 点击“生成”按钮，如图 7-4 所示。

图 7-2　点击输入框

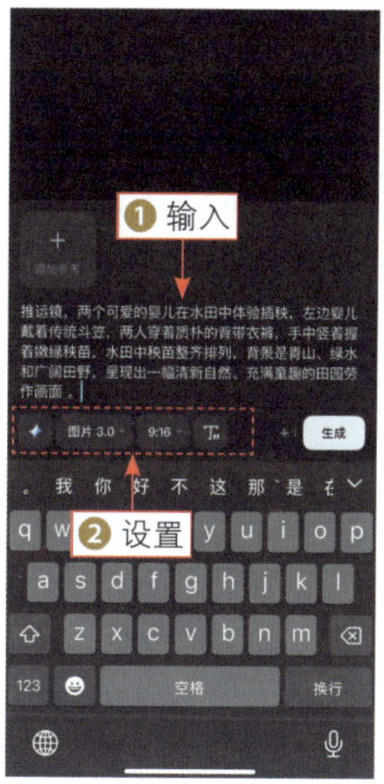

图 7-3　使用默认的模型

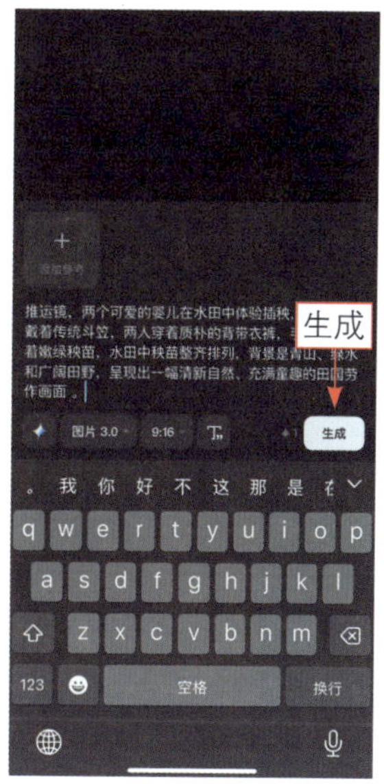

图 7-4　点击“生成”按钮

☆ 专家提醒

在制作视频时，创作者可以根据实际情况灵活切换视频尺寸和模型，以适应不同的场景和需求。

步骤 04 稍等片刻，即可生成 4 张图片，如图 7-5 所示，选择一张合适的图片，放大图片。

步骤 05 点击“超清”按钮，如图 7-6 所示，即可生成一张超清图片。

步骤 06 点击下载按钮，如图 7-7 所示，下载图片；使用同样的方法，输入提示词，再次生成 1 张萌娃图片并进行超清处理。

图 7-5　生成 4 张图片

图 7-6　点击“超清”按钮

图 7-7　点击下载按钮

7.3　即梦AI图生视频

扫码看教学视频

即梦 AI 的视频 3.0 模型在运镜流畅度、人物表情捕捉、物理模拟和多主体交互等方面实现了显著提升，被业界誉为“AI 视频创作的核弹级升级”。创作者可以多使用这个模型生成视频，让画面更生动、自然，精准地呈现理想的效果，从而显著提升创作质量与效率，为观众带来更优质的视觉体验。

下面介绍在即梦 AI 手机版中制作萌娃视频的操作方法。

步骤 01 在上一节的基础上，在即梦 AI 手机版中选择经过超清处理的萌娃图片，如图 7-8 所示。

步骤 02 进入相应的界面，点击“生成视频”按钮，如图 7-9 所示，让图片变成一段视频。

步骤 03 默认使用的模型为“视频 3.0”、比例为 9 ∶ 16，如图 7-10 所示。

步骤 04 点击“生成”按钮，如图 7-11 所示。

步骤 05 稍等片刻，即可生成一段视频，如图 7-12 所示，选择视频，保存视频。使用相同的方法，再生成一段萌娃视频。

图 7-8　选择经过超清处理的萌娃图片

图 7-9　点击“生成视频”按钮

图 7-10　使用默认的模型

图 7-11　点击“生成”按钮

图 7-12　生成一段视频

7.4 剪映后期视频制作

扫码看教学视频

在剪辑视频的过程中，添加合适的转场效果是提升视频流畅度和观赏性的重要环节。转场不仅能帮助观众更好地理解场景之间的转换，还能为视频增添视觉上的节奏感和连贯性。接下来将深入讲解如何在剪映中巧妙地添加转场效果，让视频的每个过渡都自然流畅，仿佛讲述一个完整的故事。无论是经典的淡入淡出，还是更具创意的动态转场，剪映都能满足需求，让视频的每个瞬间都充满魅力。

下面介绍在剪映手机版中制作萌娃插秧视频的操作方法。

步骤 01 在上一节的基础上，将两段视频保存至手机中，打开剪映手机版，进入“剪辑”界面，点击“开始创作”按钮，如图 7-13 所示。

步骤 02 在“相册胶卷”界面中依次选择两段视频素材，如图 7-14 所示。

步骤 03 点击“添加”按钮，如图 7-15 所示，添加视频。

图 7-13　点击“开始创作”按钮

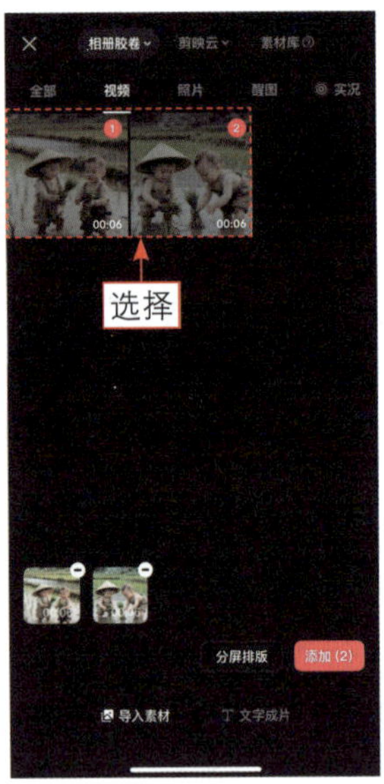

图 7-14　选择两段视频素材

图 7-15　点击“添加”按钮

步骤 04 点击第 1 段视频素材和第 2 段视频素材之间的转场按钮，如图 7-16 所示，添加转场特效。

步骤 05 弹出相应的面板，切换至“模糊”选项卡，如图 7-17 所示。

步骤 06 选择“模糊细闪”选项，如图 7-18 所示，给视频添加转场特效。点击确认按钮，确认操作。

图 7-16　点击转场按钮

图 7-17　切换至“模糊”选项卡

图 7-18　选择“模糊细闪”选项

7.5　剪映添加音频音效

扫码看教学视频

在视频创作中，声音与画面同等重要，它能够赋予视频情感和氛围，让观众更加身临其境。而剪映不仅在视觉效果上表现出色，还提供了强大的音频处理功能。接下来将聚焦于如何在剪映中添加音频和音效，通过精心挑选的背景音乐、自然的环境音效，甚至是精准的特效音，为视频注入灵魂。无论是轻松愉快的旅行视频，还是紧张刺激的剧情短片，合适的音频和音效都能让作品更具感染力，让观众在视觉和听觉上都得到完美的体验。

下面介绍在剪映手机版中添加音频和音效的操作方法。

步骤 01 回到主界面，在视频的起始位置，点击“音频”按钮，如图 7-19 所示。

步骤 02 在弹出的二级工具栏中，点击“音乐”按钮，如图 7-20 所示。

步骤 03 在“音乐”界面中点击搜索栏，输入并搜索“农村生活背景音乐”，如图 7-21 所示。

步骤 04 点击所选音乐右侧的“使用”按钮，如图 7-22 所示，添加音乐。

步骤 05 在二级工具栏中，点击“音效”按钮，如图 7-23 所示。

步骤 06 进入“热门”选项卡，切换至“笑声”选项卡，如图 7-24 所示。

图 7-19　点击“音频”按钮

图 7-20　点击“音乐”按钮

图 7-21　输入关键词并搜索

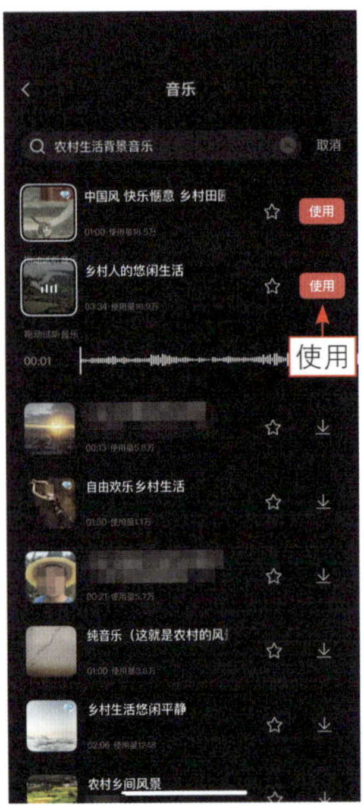

图 7-22　点击“使用”按钮

图 7-23　点击“音效”按钮

图 7-24　切换至“笑声”选项卡

步骤 07 选择一个音效进行试听，如图 7-25 所示。

步骤 08 点击右侧的“使用”按钮，如图 7-26 所示，添加音效。

步骤 09 这里可以看见一个音效时长只有第 1 个视频素材的时长，因此重复上述操作，继续添加第 2 个音效，如图 7-27 所示，给整个视频添加音效。

图 7-25 选择一个音效进行试听

图 7-26 点击右侧的“使用”按钮

图 7-27 添加第 2 个音效

☆ 专家提醒

在为视频添加音效和音乐时，音量和匹配度是两个关键要素。首先，音量要适中，背景音乐不能盖过人物对话或重要音效，而音效也不能过于微弱，否则无法起到增强氛围的作用。其次，音效和音乐的风格必须与视频的主题和情感基调相契合。此外，音效和音乐的节奏也应与视频的剪辑节奏相匹配，以增强整体的流畅感和连贯性。

步骤 10 将时间轴拖曳至视频第 8 秒的位置，如图 7-28 所示。

步骤 11 选择音乐，如图 7-29 所示。

步骤 12 点击“分割”按钮，分割音乐，如图 7-30 所示。

步骤 13 选择前面一段音乐音频，如图 7-31 所示。

步骤 14 点击“删除”按钮，如图 7-32 所示，删除音乐。

步骤 15 将音乐拖曳至视频起始位置，如图 7-33 所示。

图 7-28　拖曳时间轴

图 7-29　选择音乐

图 7-30　点击“分割”按钮

图 7-31　选择前面一段音乐

图 7-32　点击“删除”按钮

图 7-33　将音乐拖曳至视频起始位置

步骤 16 将时间轴拖曳至视频末尾位置，如图 7-34 所示。

步骤 17 选择音频，如图 7-35 所示。

步骤 18 点击“分割”按钮，分割音频，如图 7-36 所示。

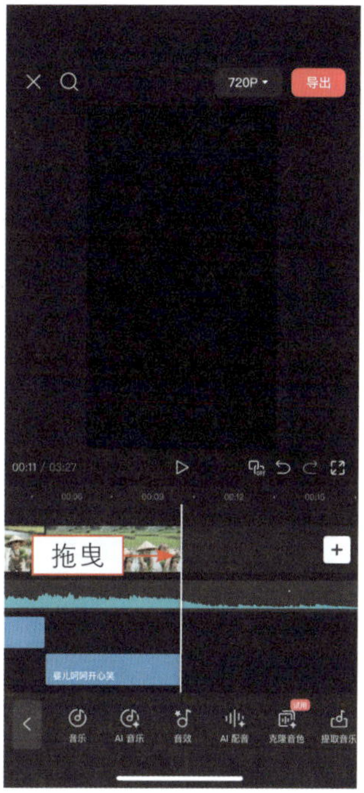

图 7-34 将时间轴拖曳至视频末尾位置

图 7-35 选择音乐

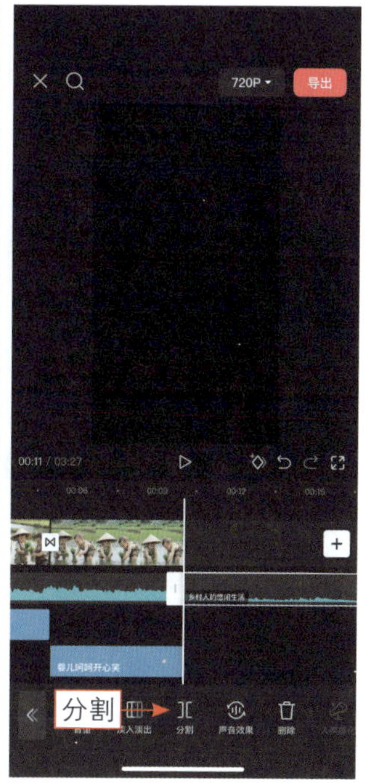

图 7-36 点击“分割”按钮

步骤 19 点击“删除”按钮，删除音乐，效果如图 7-37 所示，让音乐时长与视频时长保存一致。

步骤 20 调整音效的时长，使其与视频的时长对齐，如图 7-38 所示。

步骤 21 点击播放按钮▷，播放视频，如图 7-39 所示。

☆ 专家提醒

在完成视频的剪辑后，点击“导出”按钮，即可将精心制作的视频保存到设备中。为了满足不同的场景和需求，创作者还可以点击 720P 按钮，轻松调整视频的分辨率。

720P 是一种常见的高清分辨率，适合在大多数设备上播放，能够提供清晰且流畅的视觉体验。如果需要更高的画质，也可以选择更高的分辨率，如 1080P 或 4K，以满足专业展示或大屏幕播放的需求。通过灵活调整分辨率，创作者可以确保视频在不同设备上都能呈现出最佳效果，无论是社交媒体分享、在线视频平台上传，还是线下展示，都能满足。

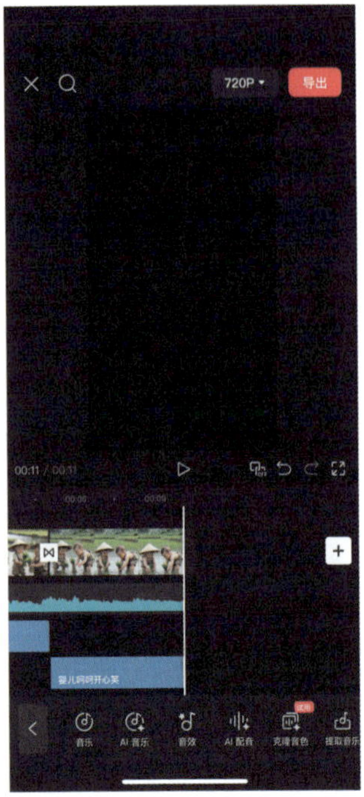

图 7-37　点击“删除”按钮

图 7-38　调整音效的时长

图 7-39　点击播放按钮▷

☆ 专家提醒

如果对上述操作结果不满意，可以反复调整，直到满意为止。

奶奶语录

第 8 章
情感治愈 AI 短视频创作：《奶奶语录》

在生活的长河中，奶奶的语录宛如一盏盏明灯，照亮我们前行的路。它们蕴含着岁月的沉淀与生活的智慧，让我们在迷茫时找到方向，在疲惫时获得慰藉。接下来就让我们一同走进《奶奶语录》的世界，去感受那份温暖与力量，让心灵得到治愈与滋养。

8.1 全流程效果展示：《奶奶语录》

【效果展示】：本章将通过一个完整的项目案例，串联起前面提到的各种工具，展示从创意构思到最终成品的全过程，带创作者领略 AI 技术如何助力创意落地，让简单的话语也能焕发出别样的光彩，效果如图 8-1 所示。

图 8-1　效果展示

8.2 DeepSeek生成提示词

扫码看教学视频

使用 DeepSeek 生成提示词精准、高效，能将创意转化为清晰指令，为 AI 创作提供明确的方向，显著提升生成效果的质量和效率。接下来让我们一起深入了解它的用法。

下面介绍 DeepSeek 生成提示词的操作方法。

打开 DeepSeek，开启一个新的对话，在下方的输入框中输入相应的指令，用于指导 AI 生成特定的内容，点击发送按钮 ，DeepSeek 即可根据指令生成相应的内容，相关指令和回复如下。

提问

我想制作一个治愈系老奶奶的视频，帮我生成20张治愈系老奶奶图片的提示词，用于即梦AI生成图片。

DeepSeek

以下是20组精心设计的生成治愈系老奶奶图片的提示词，每张图片都包含丰富的故事元素和视觉细节，特别适合视频分镜制作。我按照不同的主题分类呈现，方便您剪辑时选择。

自然与季节系列

1.《樱花树下的茶会》

“日本老奶奶在樱花树下摆茶席，粉白花瓣落满她的藏青色和服，她正将一朵樱花放在空茶杯里，皱纹里藏着温柔的微笑，远处有孩童奔跑的模糊身影，新海诚风格的柔光与飘落特效”

2.《秋千上的星空观测者》

“白发老奶奶独自坐在深夜公园的秋千上，膝头摊开泛星图，老式望远镜倒在一旁”

……

8.3　即梦AI文生图

扫码看教学视频

即梦 AI 文生图这一功能的作用在于将文字描述快速转化为直观的视觉图像，帮助用户将抽象的想法具象化。

下面介绍即梦 AI 文生图的操作方法。

步骤 01 复制 DeepSeek 生成的提示词，进入即梦 AI 的“想象”界面，在下方的输入框中输入刚刚复制的提示词，指导 AI 生成指定的内容，如图 8-2 所示。

步骤 02 点击“生成”按钮，如图 8-3 所示。

步骤 03 即可生成 4 张图片效果，如图 8-4 所示。

步骤 04 点击一张满意的效果图，查看效果，点击右上角的“超清”按钮，提升照片的清晰度，如图 8-5 所示，稍等片刻，即可获得一张超清效果图。

步骤 05 使用同样的操作方法生成剩下的 5 张镜头效果图，如图 8-6 所示。

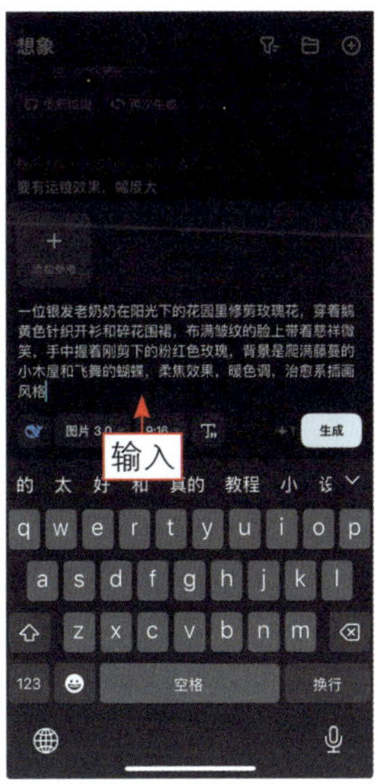

图 8-2　输入提示词

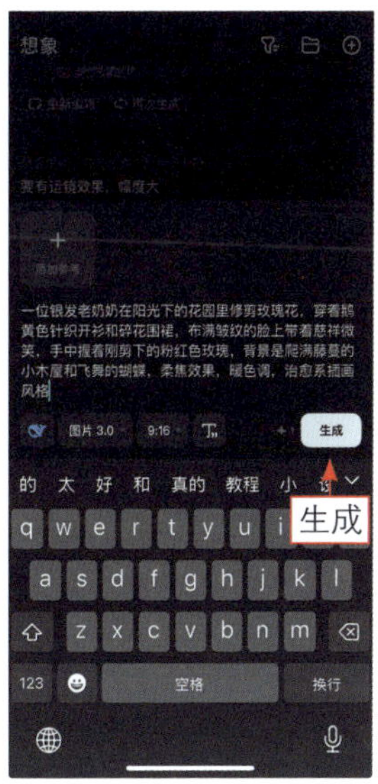

图 8-3　点击“生成”按钮

图 8-4　生成 4 张图片

图 8-5　点击“超清”按钮

图 8-6　生成剩下的镜头效果图

☆ 专家提醒

在制作多个镜头时，应尽量保持人物衣服和外貌的统一性，以确保整体画面的连贯性和一致性。

8.4　即梦AI图生视频

扫码看教学视频

本节进一步拓展创作的边界，只需点击“生成视频”按钮，即可将静态图片一键转化为生动的视频。它不仅节省了大量时间和精力，还能为创作者提供更多的创意可能性。无论是简单的动画效果，还是复杂场景的动态呈现，即梦 AI 的图生视频功能都能轻松实现，让静态的画面瞬间“活”起来，为创作者的创意赋予全新的生命力。

下面介绍即梦 AI 图生视频功能的使用方法。

步骤 01 点击刚刚生成的超清效果图，即可放大图片，点击右边的“生成视频”按钮，如图 8-7 所示，即可进行图生视频的操作。

步骤 02 稍等片刻，即可生成一段视频，如图 8-8 所示。

步骤 03 使用同样的操作方法生成剩下的 5 个镜头视频，如图 8-9 所示。

图 8-7　点击“生成视频”按钮

图 8-8　生成一段视频

图 8-9　生成剩下的镜头视频

8.5　剪映后期制作

扫码看教学视频

在使用即梦 AI 完成 6 段视频的创作后，接下来可以利用剪映进行后期制作。将这些视频导入剪映，通过剪辑、拼接、添加转场效果和音乐等操作，将它们整合成一个完整的短视频。这样不仅能提升视频的流畅性和观赏性，还能让整个故事或主题更加连贯，更好地传达创作者的创意和想法。

下面介绍利用剪映完成后期制作的操作方法。

步骤 01 在剪映首页点击“开始创作”按钮，进入“相册胶卷”界面，❶ 选择 6 段视频素材；❷ 点击“添加”按钮，如图 8-10 所示，导入视频素材。

步骤 02 进入编辑界面，点击“文本”和“新建文本”按钮，❶ 在输入框中输入相应提示词；❷ 点击“样式”按钮，更改文字样式，如图 8-11 所示。

步骤 03 ❶ 选择适合的样式；❷ 点击确认按钮，确认操作，如图 8-12 所示。

步骤 04 弹出“是否智能分句”面板，选择“智能分句”选项，如图 8-13 所示，即可自动拆分句子。

步骤 05 调整文字的位置，如图 8-14 所示。

步骤 06 ❶ 选择文字素材；❷ 点击“文本朗读”按钮，如图 8-15 所示，即可进入“文本朗读”界面。

图 8-10　点击“添加”按钮

图 8-11　点击“样式”按钮

图 8-12　点击确认按钮✓

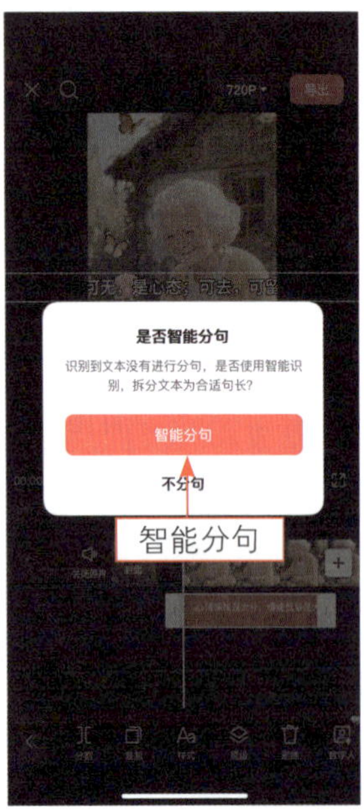

图 8-13　选择“智能分句”选项

图 8-14　调整文字的位置

图 8-15　点击“文本朗读”按钮

步骤 07 在“热门”选项区中选择“心灵鸡汤”选项，为视频添加声音，如图 8-16 所示。

步骤 08 选中“应用到全部字幕”复选框，将声音应用到全部字幕，如图 8-17 所示，点击确认按钮，确认操作。

步骤 09 调整文本的位置和时长，使其与音频的时长对齐，如图 8-18 所示。

图 8-16　选择“心灵鸡汤”选项

图 8-17　选中相应的复选框

图 8-18　调整文本的位置和时长

步骤 10 修改文字的段落，使其与画面更适合，如图 8-19 所示，如果文字过大可以适当缩小字号。

步骤 11 根据音频的时长，调整每段视频的时长，让视频的时长与音频的时长一致，如图 8-20 所示。

☆ 专家提醒

如果视频时长比音频短，可以在剪映中点击“变速”按钮，调整视频的播放速度，从而延长视频时长，使其与音频匹配，让画面与声音更加协调一致，提升整体的观看体验。

步骤 12 返回编辑界面，点击第 1 段视频与第 2 段视频中间的转场按钮，如图 8-21 所示，添加转场。

图 8-19 修改文字的段落

图 8-20 调整每段视频的时长

图 8-21 点击转场按钮

步骤 13 进入“热门”界面，❶ 切换至“叠化”选项卡；❷ 选择“叠化”选项，如图 8-22 所示，添加转场。

步骤 14 点击“全局应用”按钮，将转场应用到全部视频中，如图 8-23 所示，点击确认按钮，确认操作。

步骤 15 查看效果，如果对效果满意，点击“导出”按钮，如图 8-24 所示，即可将视频保存至相册中。

图 8-22 选择“叠化”选项

图 8-23 点击“全局应用”按钮

图 8-24 点击“导出”按钮

第 9 章 儿童成语 AI 短视频创作：《知错就改》

在探索 AI 短视频创作的多彩世界中，还有一个充满教育意义与趣味的领域——儿童成语故事。接下来一起走进《知错就改》这一短视频的创作过程，看看如何通过 AI 技术为传统成语故事赋予新的生命力，让孩子们在轻松愉快的氛围中领悟经典智慧。

9.1 创作前的注意事项：缺点规避，元素统一

在正式开始任何项目或创作之前，做好充分的准备是成功的关键。下面介绍关于创作前的注意事项，希望能为创作者提供一些有用的思路：在着手任何项目之前，创作者需要仔细审视可能出现的问题，并提前规划如何规避潜在的缺点。

这不仅能够帮助每一个创作者避免不必要的挫折，还能确保整个过程更加顺畅高效。同时，保持元素的统一性也至关重要，无论是设计、写作还是其他创作领域，一致的风格和元素都能让作品更加协调、专业，也更容易被受众接受。因此，在开始创作之前，我们需要明确目标，梳理思路，确保每一个细节都经过精心规划，从而为最终的成功奠定坚实的基础。

9.2 全流程效果展示：《知错就改》

【效果展示】：下面以一个实际项目为线索，把前面讲到的工具整合起来，完整地呈现从创意到成品的每一步。创作者将亲身感受 AI 技术如何为创意赋能，让简单的想法也能绽放出独特的魅力，效果如图 9-1 所示。

图 9-1　效果展示

9.3 DeepSeek生成脚本文案

扫码看教学视频

使用 DeepSeek 生成脚本文案能够帮助创作者为视频创作提供清

晰、有逻辑的文字脚本。无论是故事叙述、产品介绍还是情感表达，DeepSeek都能根据需求生成精准且富有感染力的文案，为视频注入灵魂。DeepSeek不仅节省了文案创作的时间，还能让视频内容更加丰富和生动。

下面介绍使用DeepSeek生成脚本文案的操作方法。

打开DeepSeek，开启一个新的对话，在下方的输入框中输入相应的指令，用于指导AI生成特定的内容，点击发送按钮，DeepSeek即可根据指令生成相应的内容，相关指令和回复如下。

提问

我想生成一个分镜头图片，我提供了故事，帮我按照这个故事写几组提示词，有助于我以文生图。
《知错就改》
……（具体见提示词文档）

DeepSeek

以下是基于《知错就改》故事的分镜头提示词，适用于文生图（如MidJourney、DALL•E等），每个镜头包含场景、角色、动作和风格建议。
分镜头1：小刺猬欺负小乌龟
提示词：
"卡通风格，阳光森林场景，调皮的小刺猬（圆滚滚、尖刺、坏笑表情）用爪子推小乌龟的壳，小乌龟（绿色壳、惊慌表情）踉跄摔倒，周围花草摇曳，背景有兔子和小鸟围观，色彩明亮，儿童绘本风格，柔和光照"
……

9.4 即梦AI文生图

扫码看教学视频

在创意的无垠宇宙中，文字与图像的结合如同星辰与银河的交织，营造出了令人惊叹的视觉盛宴。如今，借助DeepSeek的强大技术力量，可以将脚本文案转化为栩栩如生的图像，让每一个文字背后的故事在视觉世界中绽放出独特的光芒。这不仅是一次技术的飞跃，更是创意与想象力的完美融合，让创作者一同开启这场从文字到图像的奇妙之旅，见证创意的无限可能。

下面介绍利用即梦AI以文生图的操作方法。

步骤01 打开即梦AI，点击"想象"按钮，进入"想象"界面，点击下方的输入框，输入相应的提示词，如图9-2所示，指导AI生成指定的内容。

步骤 02 点击“生成”按钮，如图 9-3 所示，即可生成 4 张效果不错的图片。

步骤 03 点击满意的图片，放大图片，如图 9-4 所示。

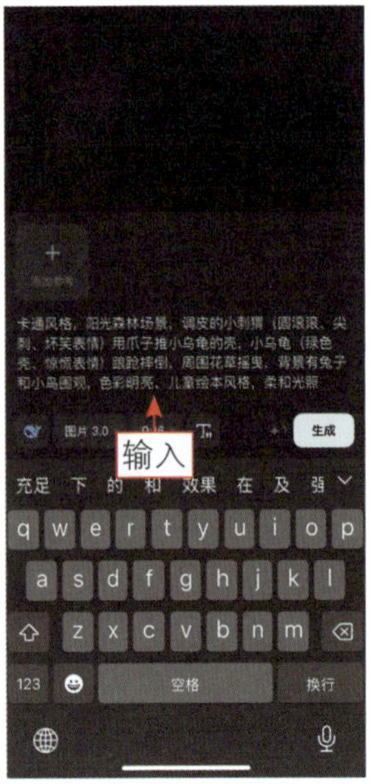

图 9-2　输入相应的提示词

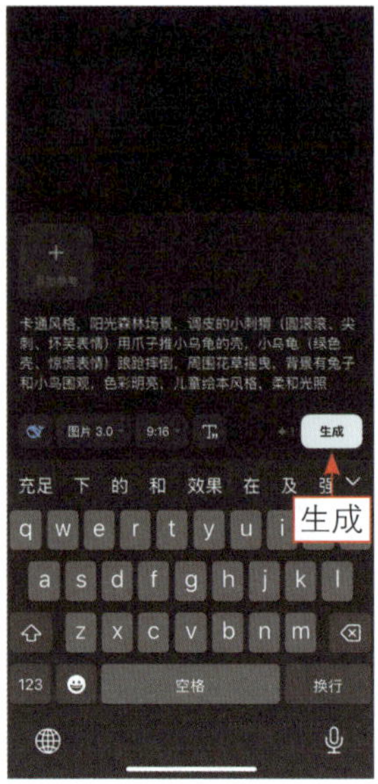

图 9-3　点击“生成”按钮

图 9-4　放大图片

步骤 04 点击右上角的“超清”按钮，如图 9-5 所示，生成一张超清照片。

步骤 05 使用同样的方法生成剩下分镜头效果图，如图 9-6 所示。

图 9-5　点击“超清”按钮

图 9-6　生成剩下分镜头效果图

9.5　即梦AI图生视频

扫码看教学视频

本节以即梦 AI 生成的精彩图像为基础，迈向更生动的视觉呈现——图生视频。从静态的视觉瞬间迈向动态的影像世界，即梦 AI 图生视频技术如同魔法般，赋予图像以生命和节奏。它不仅可以捕捉精彩的画面，更赋予了它们时间的维度，让每一个瞬间都能在流动的画面中讲述更加完整的故事。让我们一同开启这场视觉升级之旅。

下面介绍利用即梦 AI 实现图生视频的操作方法。

步骤 01 点击刚刚生成的超清效果图，即可放大图片，点击右边的“生成视频”按钮，如图 9-7 所示，即可进行图生视频操作。

步骤 02 稍等片刻，即可生成一段视频，如图 9-8 所示。

步骤 03 使用同样的方法生成剩下的 5 个镜头视频，如图 9-9 所示。

图 9-7　点击“生成视频”按钮

图 9-8　生成一段视频

图 9-9　生成剩下的镜头视频

9.6　剪映后期制作

扫码看教学视频

当创意的火花在镜头中闪耀，素材的收集也告一段落。本节将踏入剪映的后期制作天地。在这里，每一帧画面、每一段音频都将成为手中的画笔，用剪辑、调色、特效等手法，勾勒出属于自己的故事。剪映，不仅是一款工具，更是创作者的魔法棒，让创作者用它为作品注入灵魂，让精彩的瞬间在屏幕前绽放出别样的光芒。

下面介绍使用剪映完成后期制作的操作方法。

步骤 01 在剪映首页点击“开始创作”按钮，进入“最近项目”界面，❶ 选择 6 段视频素材；❷ 点击“添加”按钮，如图 9-10 所示，导入图片素材。

步骤 02 进入编辑界面，点击“文本”“新建文本”按钮，❶ 在输入框中输入相应的提示词；❷ 点击“样式”按钮，更改文字样式，如图 9-11 所示。

步骤 03 ❶ 选择适合的样式；❷ 点击确认按钮✓，确认操作，如图 9-12 所示。

图 9-10　点击“添加”按钮

图 9-11　点击“样式”按钮

图 9-12　点击确认按钮✓

步骤 04 弹出“是否智能分句”面板，选择“智能分句”选项，如图 9-13 所示，即可自动拆分句子。

步骤 05 调整文字的位置，如图 9-14 所示。

步骤 06 ❶ 选择文字素材；❷ 点击“文本朗读”按钮，如图 9-15 所示，即可进入“文本朗读”界面。

步骤 07 在“热门”选项区中选择“情感老师”选项，改变视频的声音，如图 9-16 所示。

步骤 08 选中“应用到全部字幕”复选框，将声音应用到全部字幕，如

图 9-17 所示，点击确认按钮，确认操作。

步骤 09 调整文本的位置和时长，使其与音频的时长一致，如图 9-18 所示。

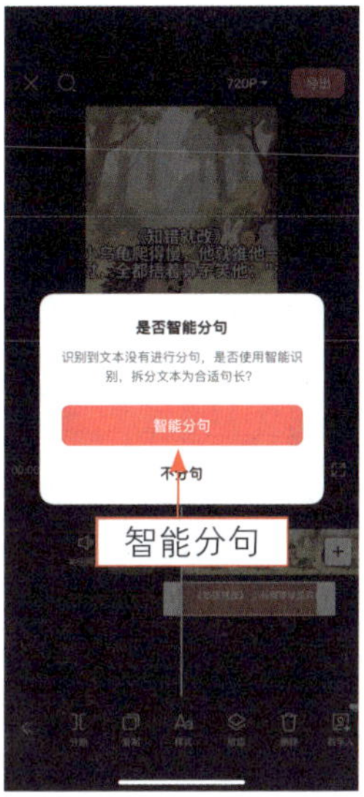

图 9-13　选择“智能分句”选项

图 9-14　调整文字的位置

图 9-15　点击“文本朗读”按钮

图 9-16　选择“情感老师”选项

图 9-17　选中相应的复选框

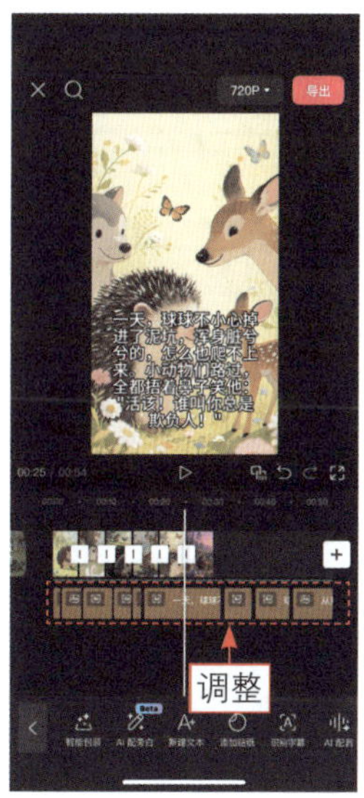

图 9-18　调整文本的位置和时长

步骤 10 调整文字的段落，使其与画面更适合，如图 9-19 所示，如果文字过大可以适当缩小字号。

步骤 11 根据音频的时长，调整每段视频的时长，让视频的时长与音频的时长一致，如图 9-20 所示。

步骤 12 返回编辑界面，点击“特效”按钮，如图 9-21 所示，添加特效。

图 9-19　调整文字的段落

图 9-20　调整每段视频的时长

图 9-21　点击“特效”按钮

步骤 13 点击“画面特效”按钮，如图 9-22 所示。

步骤 14 在输入框中输入“闭幕”，如图 9-23 所示。

步骤 15 选择“横向闭幕”选项，如图 9-24 所示，添加特效效果。

图 9-22　点击“画面特效”按钮

图 9-23　在输入框中输入“闭幕”

图 9-24　选择相应的选项

步骤 16 点击“取消”按钮，如图 9-25 所示，确认操作。

步骤 17 调整闭幕特效的时长及位置，如图 9-26 所示。

图 9-25　点击“取消”按钮

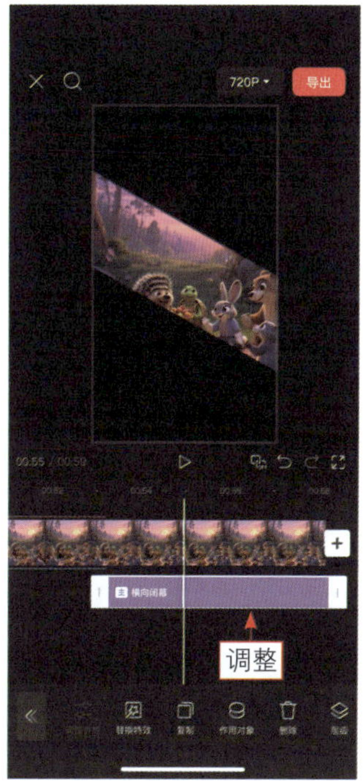

图 9-26　调整闭幕特效的时长及位置

第 10 章
古人复活 AI 短视频创作：《重逢今朝》

本章将完整地呈现《重逢今朝》的创作流程。从使用 DeepSeek 生成提示词，到使用即梦 AI 以文生图，再到利用首尾帧功能，每一步都至关重要。最后，借助剪映进行后期剪辑，让作品更加完美。本章将带创作者领略创意与技术的完美结合，见证古人复活的奇妙旅程。

10.1　全流程效果展示：《重逢今朝》

【效果展示】：本章将开启一段独特的旅程，通过一个精心设计的项目案例，深入剖析如何将前面提及的技术工具巧妙地融合。这不仅是一个从无到有的过程，更是一次探索 AI 如何为创意赋能的实践。实践证明，即使是最平凡的想法，也能在 AI 的助力下，通过精心的策划和执行，转化为令人眼前一亮的成果，效果如图 10-1 所示。

图 10-1　效果展示

10.2　内嵌DeepSeek生成提示词

扫码看教学视频

在即梦 AI 的奇妙世界里，DeepSeek 如同一座宝藏山，为人们提供了无尽的创意源泉。它不仅仅是一个工具，更是一位智慧的伙伴，能够根据人们的需求生成精准而富有启发性的提示词。这些提示词仿佛解锁灵感之门的钥匙，帮助人们在创作、学习和探索的道路上走得更远。

下面介绍使用 DeepSeek 生成提示词的操作方法。

步骤 01 打开即梦 AI，点击下方的输入框，如图 10-2 所示。

步骤 02 点击 DeepSeek-R1 按钮，进入即梦 AI 内嵌 DeepSeek 界面，如图 10-3 所示，在下方的输入框中输入相应的指令，用于指导 AI 生成特定内容。

图 10-2　点击下方的输入框

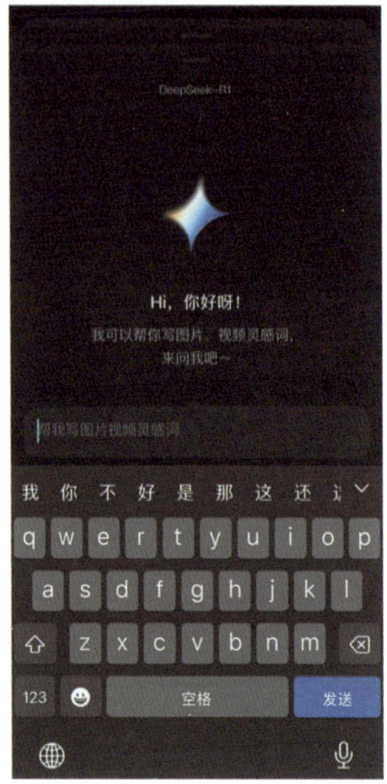

图 10-3　进入即梦 AI 内嵌 DeepSeek 界面

步骤 03 点击发送按钮，DeepSeek 即可根据指令生成相应的内容，相关指令和回复如下。

提问

我想生成10个古代诗人画像的提示词。

DeepSeek

李白醉酒吟诗，宽袍大袖侧卧青石，水墨淡彩渲染飘逸感，绢本设色仿古技法，背景留白突出人物神韵

宋代女词人李清照，身着素雅宋制褙子，独坐窗前执笔写词，窗外落花纷飞，神情略带忧郁，工笔细腻，柔光渲染，突出其婉约柔美的才女形象

王维独坐空山，素色长衫抚琴松树下，青绿山水设色技法，浅绛晕染营造禅意，薄雾缭绕山涧溪流

白居易策马过野，翻领胡服扬鞭古道旁，淡墨皴擦表现风沙质感，朱砂点染落日余晖，雁阵掠过枯藤老树

苏轼执卷踱步，东坡巾配竹纹深衣，院体画技法描绘竹林光影，飞白笔触勾勒竹叶纹理，石案摆放砚台茶具

李清照凭栏观荷，藕荷襦裙倚靠水榭，没骨画法晕染芙蓉花瓣，花青色调庭院场景，残荷细雨营造婉约氛围

李商隐夜雨寄怀，交领襕衫提笔书案前，界画技法雕琢烛台窗棂，宿墨积色表现芭蕉墨

痕，烛光暖色调映照侧脸
……

10.3　即梦AI文生图

扫码看教学视频

在领略了文字创作的魅力后，再来看即梦 AI 的文生图功能。它能将文字描述转化为生动的图像，让创意瞬间具象化。接下来一起来探索如何用文字绘出精彩的画面。

下面介绍即梦 AI 文生图片的操作方法。

步骤 01 复制提示词，返回即梦 AI 的“想象”界面，点击下方的输入框，输入相应的提示词，如图 10-4 所示，指导 AI 生成指定的内容。

步骤 02 点击“生成”按钮，即可生成 4 张图片，效果如图 10-5 所示，这里即梦 AI 一次生成了两种风格，可以选择不一样的风格进行创作。

步骤 03 点击满意的图片，放大图片，如图 10-6 所示。

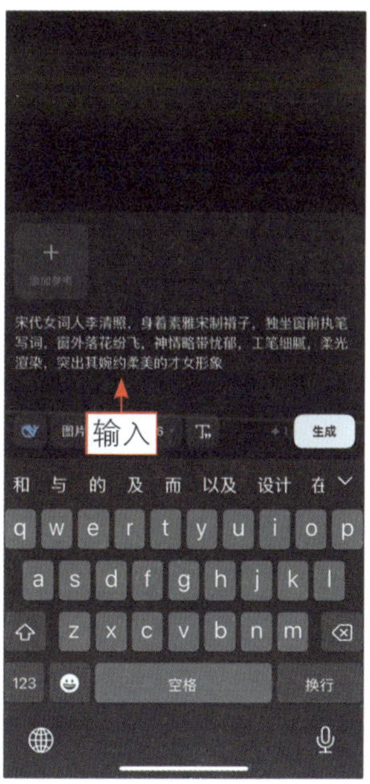

图 10-4　输入相应的提示词

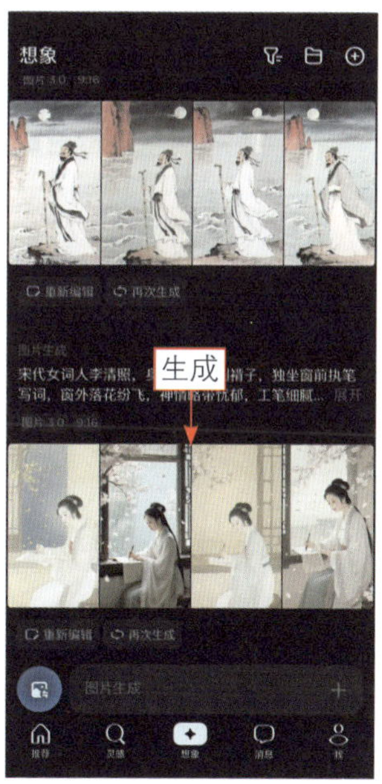

图 10-5　点击“生成”按钮

图 10-6　点击满意的图片

☆ 专家提醒

如果一次性生成的图片风格较为单一，可以通过提示词来改变图片的风格。

步骤 04 点击右上角的“超清”按钮，如图 10-7 所示，提升图片的清晰度。

步骤 05 稍等片刻，即可生成一张超清效果图，如图 10-8 所示。

步骤 06 按以上操作方法，即可生成剩下的一组古人超清图片，如图 10-9 所示。

图 10-7　点击“超清”按钮

图 10-8　生成一张超清效果图

图 10-9　生成剩下的一组图片

10.4　即梦AI首尾帧的制作

扫码看教学视频

使用首尾帧功能实现图生视频是一种高级技巧，它通过定义视频的起始帧（即首帧）和结束帧（即尾帧），让 AI 在两者之间生成平滑的过渡和动态效果。

下面介绍使用首尾帧功能的操作方法。

步骤 01 打开即梦 AI 手机版，点击“想象”按钮，切换至“想象”界面，选择“视频生成”选项，如图 10-10 所示。

步骤 02 ❶ 设置视频模型为“视频 1.2”；❷ 点击“添加参考”按钮，如图 10-11 所示。

步骤 03 在“最近项目”界面中选择一张图片，如图 10-12 所示，作为首帧画面。

步骤 04 继续点击“添加参考”按钮，如图 10-13 所示。

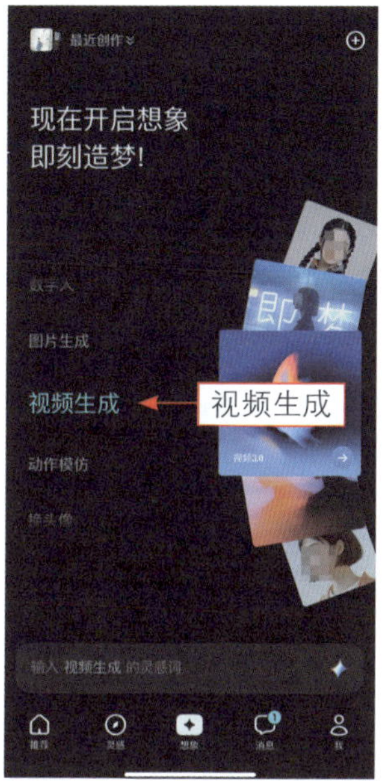

图 10-10　选择“视频生成”选项

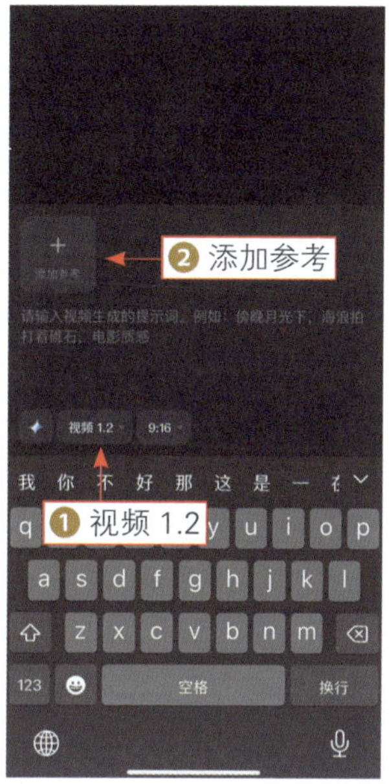

图 10-11　点击相应的按钮

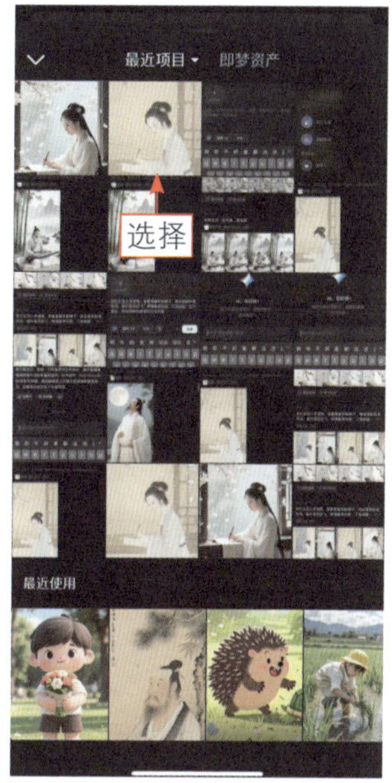

图 10-12　选择一张图片

步骤 05 在“最近项目”界面中选择另一张图片，如图 10-14 所示，作为尾帧画面。

步骤 06 点击“生成”按钮，如图 10-15 所示，稍等片刻，即可生成相应的视频。

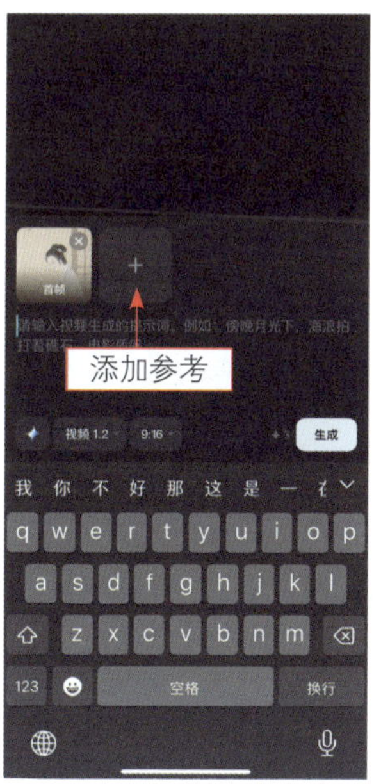

图 10-13　点击“添加参考”按钮

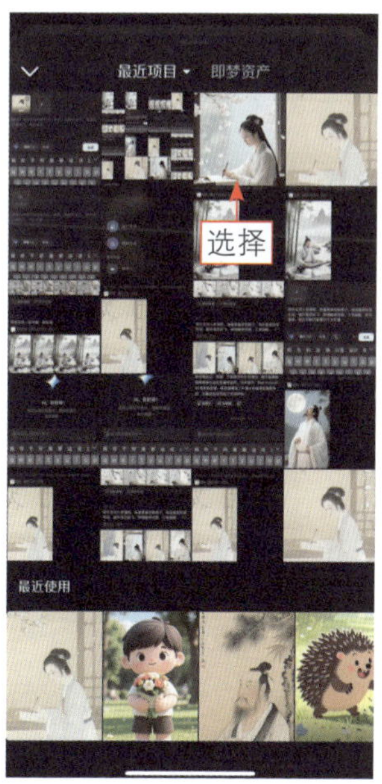

图 10-14　选择另一张图片

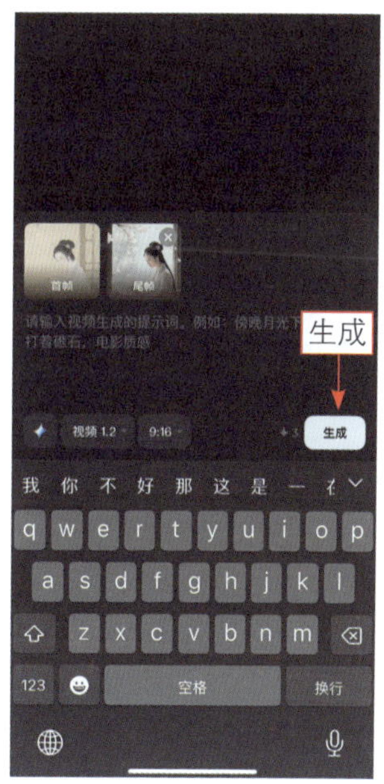

图 10-15　点击“生成”按钮

10.5 剪映后期制作

扫码看教学视频

生成两段视频之后，接下来就可以用剪映对这两段视频进行拼接、剪辑，制作成一个“古人复活”的视频。

下面介绍使用剪映进行后期制作的操作方法。

步骤 01 在剪映首页点击“开始创作”按钮，进入“最近项目”界面，❶ 选择两段视频素材；❷ 点击“添加”按钮，如图 10-16 所示，导入视频素材。

步骤 02 ❶ 点击第 1 段视频素材；❷ 点击“变速”按钮，如图 10-17 所示，对第 1 段视频进行变速。

步骤 03 点击“常规变速”按钮，如图 10-18 所示，进入“变速”面板。

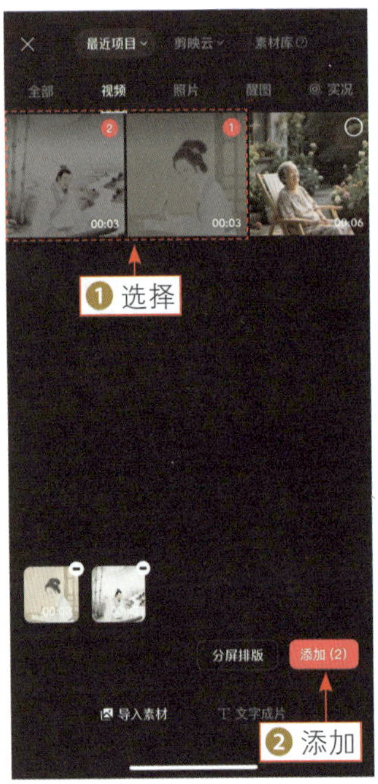

图 10-16　点击“添加”按钮

图 10-17　点击“变速”按钮

图 10-18　点击“常规变速”按钮

步骤 04 拖曳红圈至 0.5x，如图 10-19 所示，点击确认按钮，确认变速。

步骤 05 ❶ 点击第 2 段视频素材；❷ 点击“变速”按钮，如图 10-20 所示，对第 2 段视频进行变速。

步骤 06 点击“常规变速”按钮，如图 10-21 所示，进入“变速”面板。

步骤 07 拖曳红圈至 0.5x，如图 10-22 所示，调整视频速度。

步骤 08 点击确认按钮，确认变速，如图 10-23 所示。

图 10-19　拖曳红圈至 0.5x

图 10-20　点击“变速”按钮

图 10-21　点击“常规变速”按钮

图 10-22　拖曳红圈至 0.5x

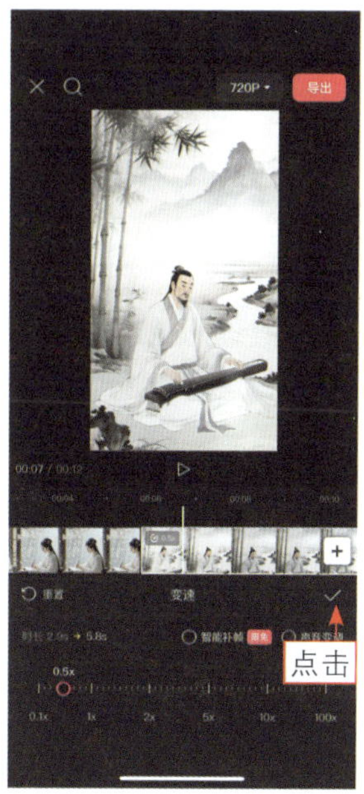

图 10-23　点击确认按钮✓

第 11 章
重要节日短视频创作：《端午安康》

从即梦 AI 文生图的创意构思，到图生视频的动态呈现，再到剪映后期制作的精细打磨，每一步都为最终作品注入了灵魂。本章将带大家领略从静态到动态，从创意到成品的全过程，感受端午文化的独特魅力与现代科技的完美融合。

11.1　全流程效果展示：《端午安康》

【效果展示】：在这段《端午安康》短视频的全流程效果展示中，将带创作者走进一个传统文化与现代创意完美融合的奇妙世界。接下来让我们一同开启这场跨越时空的端午之旅，感受那份独特的安康与祥和，效果如图 11-1 所示。

图 11-1　效果展示

11.2　即梦AI与DeepSeek结合

扫码看教学视频

在探索创意与深度洞察的融合中，即将开启一场独特的旅程。本节将借助即梦 AI 的无限想象力和 DeepSeek 的精准分析能力，探索两者结合的无限可能。即梦 AI 能够为人们带来充满创意的灵感，而 DeepSeek 则能够深入挖掘细节，为人们的探索提供坚实的数据支持。

下面介绍使用 DeepSeek 生成提示词的操作方法。

打开即梦 AI，点击下方输入框左侧的 DeepSeek 按钮，即可进入即梦 AI 内嵌的 DeepSeek 界面，在下方的输入框中输入相应的指令，用于指导 AI 生成特定内容。

提问

我想制作一个关于端午节的短视频，帮我生成一段关于短视频的文案。

DeepSeek

粽叶再厚，裹不住思念；五彩绳再长，缠不住童年；其实端午节，不是想念粽子的味道，而是想念家的味道；祝大家端午安康，“粽”是快乐，“粽”是幸福。

☆ 专家提醒

创作者在提示词中可以明确说明字数和风格要求。

11.3 即梦AI文生图

扫码看教学视频

本节将通过即梦 AI 的文生图功能，将文字描述转化为精彩的画面，开启创意视觉之旅。

下面介绍在即梦 AI 手机版中制作节日图片的操作方法。

步骤 01 打开即梦 AI 手机版，在“想象”界面中点击输入框，如图 11-2 所示。

步骤 02 ❶ 在输入框中输入相应的提示词；❷ 默认使用的模型为“图片 3.0”、比例为 9 ∶ 16，如图 11-3 所示。

步骤 03 点击“生成”按钮，如图 11-4 所示。

图 11-2　点击输入框

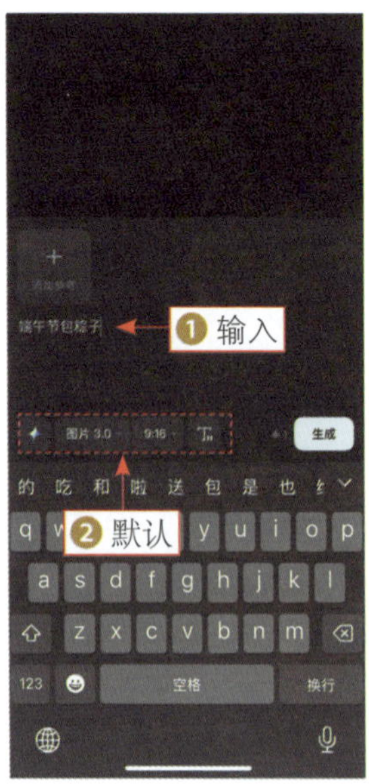

图 11-3　默认使用的模型

图 11-4　点击“生成”按钮

步骤04 稍等片刻，即可生成 4 张图片，如图 11-5 所示，选择一张合适的图片，放大图片。

步骤05 点击“超清”按钮，如图 11-6 所示，即可生成一张超清图片。同理，使用其他提示词，再次生成其他几张图片。

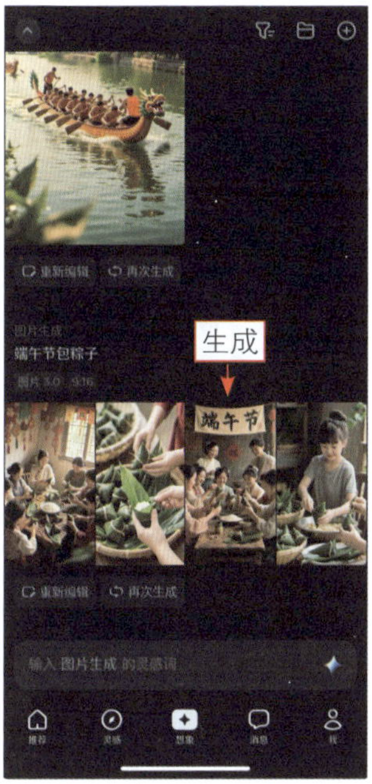

图 11-5　生成 4 张图片

图 11-6　点击“超清”按钮

11.4　即梦AI图生视频

扫码看教学视频

接下来将借助即梦 AI 的图生视频功能，开启一场视觉创作之旅，将文字想象转化为生动的画面，让创意跃然眼前。

下面介绍在即梦 AI 手机版中制作节日视频的操作方法。

步骤01 在上一小节的基础上，在即梦 AI 手机版中选择经过超清处理的图片，如图 11-7 所示。

步骤02 进入相应的界面，点击“生成视频”按钮，如图 11-8 所示，利用图片生成一段视频。

步骤03 默认设置模型为“视频 3.0”、比例为 9 ： 16，如图 11-9 所示。

步骤04 点击“生成”按钮，如图 11-10 所示。

步骤 05 稍等片刻，即可生成一段视频，如图 11-11 所示。选择视频，然后保存视频。同理，使用其他的图片再次生成其他几段视频。

图 11-7　选择超清处理的图片

图 11-8　点击“生成视频”按钮

图 11-9　默认设置模型

图 11-10　点击“生成”按钮

图 11-11　生成一段视频

11.5　剪映后期制作

扫码看教学视频

后期制作一款强大且易用的工具剪映，就像是一个功能齐全的创意工作室，能够帮助人们把零散的素材拼接成一个完整的故事，让画面更加生动，让情感更加饱满。接下来就让我们一起走进剪映的后期制作世界吧！

下面介绍在剪映手机版中制作节日视频的操作方法。

步骤 01 在上一小节的基础上，将 4 段视频保存至手机中，打开剪映手机版，进入“剪辑”界面，点击“开始创作”按钮，如图 11-12 所示。

步骤 02 在“相册胶卷”界面中依次选择 4 段视频素材，如图 11-13 所示。

步骤 03 点击“添加”按钮，如图 11-14 所示，添加视频素材。

图 11-12　点击“开始创作”按钮

图 11-13　选择 4 段视频素材

图 11-14　点击“添加”按钮

步骤 04 点击第 1 段视频素材和第 2 段视频素材之间的转场按钮，如图 11-15 所示，添加转场特效。

步骤 05 弹出相应的面板，切换至“叠化”选项卡，如图 11-16 所示。

步骤 06 选择“叠化”选项，如图 11-17 所示，即可给视频素材添加一个合适的转场特效。

步骤 07 选中“全局应用”复选框，将转场应用到全部视频中，如图 11-18 所示，点击确认按钮，确认操作。

步骤 08 点击“文本”按钮，如图 11-19 所示。

图 11-15　点击转场按钮

图 11-16　切换至“叠化”选项卡

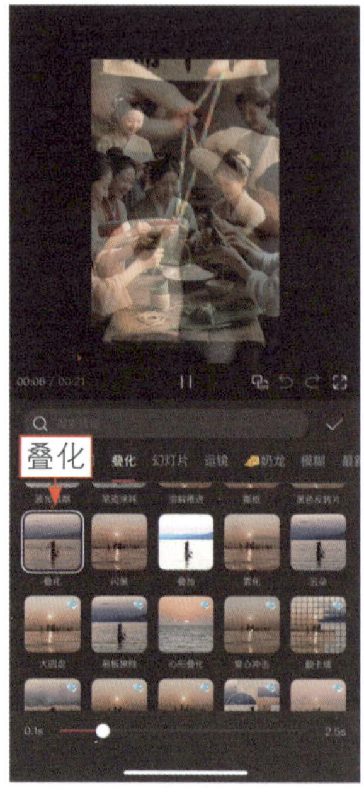

图 11-17　选择“叠化”选项

步骤 09 在弹出的二级工具栏中，点击“新建文本”按钮，如图 11-20 所示。

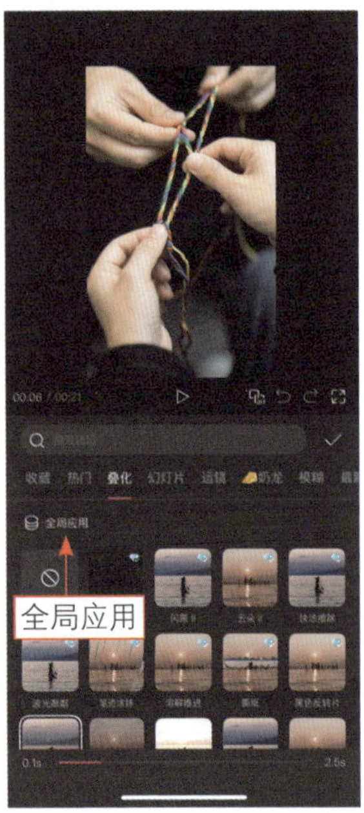

图 11-18　选中“全局应用”复选框

图 11-19　点击“文本”按钮

图 11-20　点击“新建文本”按钮

步骤 10 在输入框中输入相应的提示词，如图 11-21 所示，为其他视频也添加提示词，即可给视频添加文字字幕。

步骤 11 ❶ 切换至“样式”选项卡；❷ 选择一个样式，如图 11-22 所示，点击确认按钮✓，确认样式，为其他文字添加相同的文字样式。

步骤 12 调整文字的大小和位置，让文字与画面更合适，如图 11-23 所示。

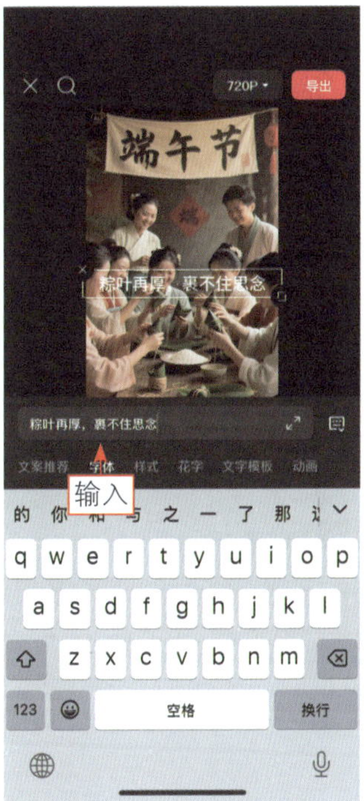

图 11-21　输入相应提示词

图 11-22　选择一个样式

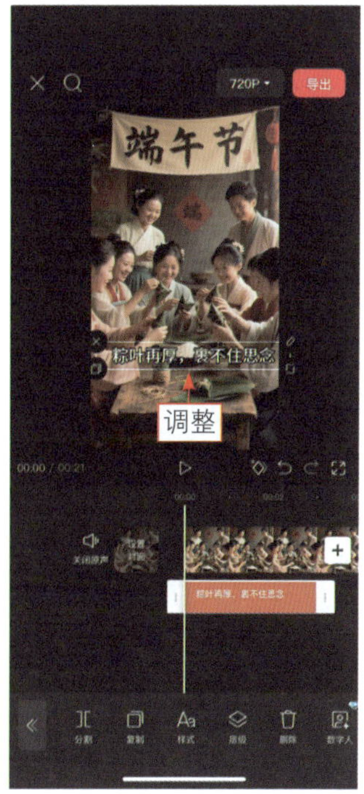

图 11-23　调整文字的位置

☆ 专家提醒

使用 DeepSeek 生成的文案有时可能会出现内容过长或段落划分不够合理的情况。在这种情况下，创作者可以对生成的文案进行进一步的修改和优化。

例如，可以对冗长的句子进行精简，使其更加简洁明了；也可以根据内容的逻辑关系重新划分段落，让文案的结构更加清晰。

通过精心调整文案内容，创作者可以使其更加贴合自身需求，同时显著提升整体的可读性和表达效果，让文案更加清晰、流畅，精准传达核心信息，满足不同场景的使用要求。

步骤 13 点击“文本朗读”按钮，如图 11-24 所示，进入“文本朗读”面板。

步骤 14 选择“甜美解说”选项，如图 11-25 所示，选中“应用到全部文本”

复选框，将声音应用到全部文字中，点击确认按钮✓，确认文本朗读的声音。

步骤 15 调整每段视频的时长，使其与文字音频的时长对齐，如图 11-26 所示。

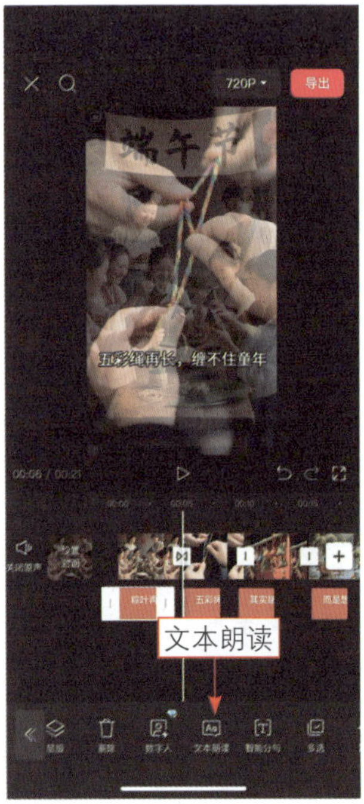

图 11-24　点击相应按钮

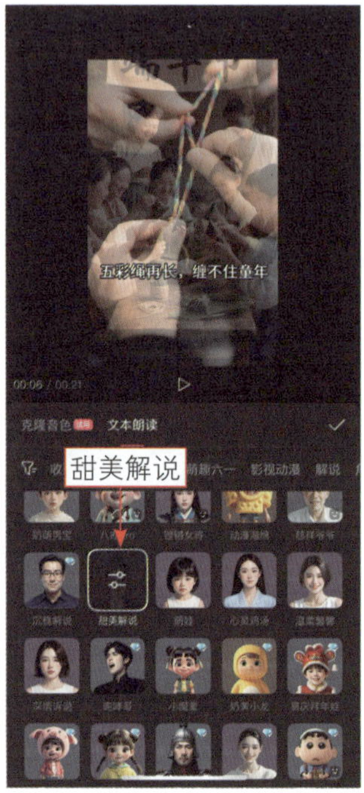

图 11-25　选择“甜美解说”选项

图 11-26　调整每段视频的时长

第 12 章
古代歌舞表演创作：《古人的才艺》

从历史的长河中走来，古人的才艺如同璀璨星辰，照亮了文化的天空。本章让我们一同走进《古人的才艺》，探寻古代歌舞表演的独特魅力与创作智慧。

12.1　全流程效果展示：《古人的才艺》

【效果展示】：本节探索古代文化的瑰宝中——揭开《古人的才艺》的神秘面纱，通过全流程效果展示，让观众深入领略古代歌舞表演的独特魅力，从创作灵感到舞台呈现，全方位感受古人的艺术智慧与才情，效果如图 12-1 所示。

图 12-1　效果展示

12.2　即梦AI文生图

扫码看教学视频

在领略古代文化艺术的风采时，即梦 AI 的文生图功能将为大家打开一扇通往《古人的才艺》的奇妙之门。它将文字转化为生动的画面，让观众得以一窥古人在歌舞、诗词、技艺等方面的卓越才华，感受那份跨越时空的魅力。

下面介绍在即梦 AI 手机版中制作古人才艺图片的操作方法。

步骤 01 打开即梦 AI 手机版，在“想象”界面中点击输入框，如图 12-2 所示。

步骤 02 ❶ 在输入框中输入相应的提示词；❷ 默认使用的模型为“图片 3.0”、比例为 3 ：2，如图 12-3 所示。

步骤 03 点击“生成”按钮，如图 12-4 所示。

步骤 04 稍等片刻，即可生成 4 张图片，如图 12-5 所示，选择 1 张合适的图片，放大图片。

图 12-2　点击输入框

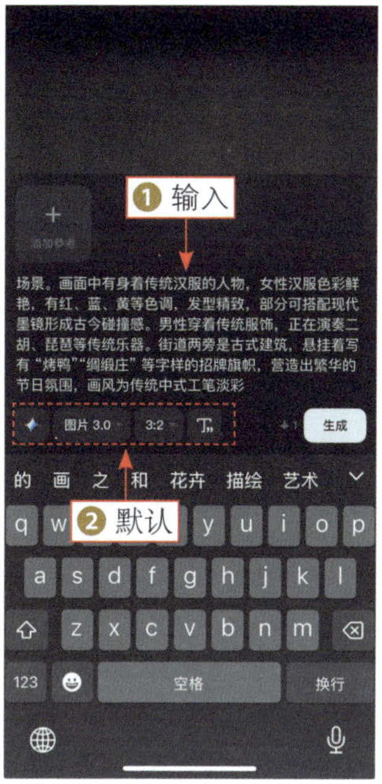

图 12-3　使用默认的模型

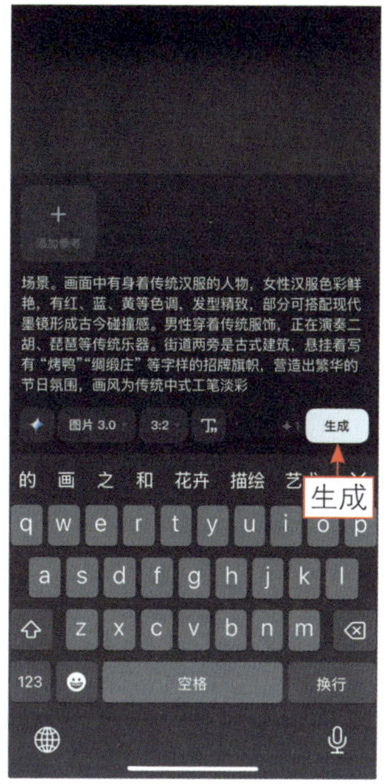

图 12-4　点击“生成”按钮

步骤 05 点击“超清”按钮，如图 12-6 所示，即可生成 1 张超清图片，使用同样的方法生成剩下的 5 张图片。

图 12-5　生成 4 张图片

图 12-6　点击“超清”按钮

12.3 即梦AI图生视频

扫码看教学视频

《古人的才艺》不仅是一段历史的记录，更是一场文化的盛宴。通过即梦 AI，可以将古人的诗词、舞蹈、音乐、书法等才艺在现代的视频中重现。图生视频不仅能够捕捉古人的风采，还能通过现代技术的加持，让这些才艺跨越千年，与观众对话。这不仅是一次技术的创新，更是一种文化的传承。下面请大家一同跟随即梦 AI 的镜头，感受古人的智慧与才华，领略那份永恒的魅力。

下面介绍在即梦 AI 手机版中制作古人才艺视频的操作方法。

步骤 01 在上一节的基础上，选择经过超清处理的古人才艺图片，如图 12-7 所示。

步骤 02 进入相应的界面，点击“生成视频”按钮，如图 12-8 所示，将静态的图片转化成一段视频。

步骤 03 ❶ 输入相应的提示词；❷ 默认使用的模型为“视频 3.0”、比例为 4 ：3，如图 12-9 所示。

图 12-7　选择经超清处理的图片

图 12-8　点击“生成视频”按钮

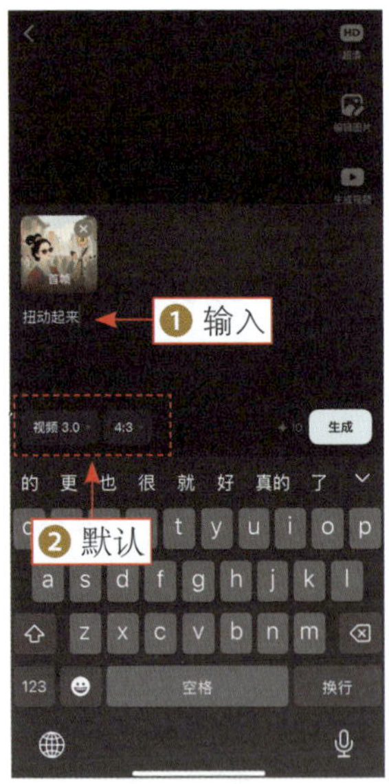

图 12-9　使用默认的模型

步骤 04 点击“生成”按钮，如图 12-10 所示。

步骤 05 稍等片刻，即可生成 1 段视频，如图 12-11 所示。选择视频，然后保存视频。同理，使用其他的图片和提示词再生成 5 段古人才艺视频。

图 12-10　点击“生成”按钮

图 12-11　生成一段视频

12.4　剪映后期制作

扫码看教学视频

进行后期制作，就不得不提到一款强大且易用的工具——剪映。它就像是一个功能齐全的创意工作室，能够帮助创作者把零散的素材拼接成一个完整的故事，让画面更加生动，让情感更加饱满。接下来一起走进剪映的后期制作世界吧！

下面介绍在剪映手机版中制作古人才艺视频的操作方法。

步骤 01 在上一节的基础上，将 6 段视频保存至手机中，打开剪映手机版，进入“剪辑”界面，点击“开始创作”按钮，在“最近项目”界面中依次选择 6 段视频素材，如图 12-12 所示。

步骤 02 点击“添加”按钮，如图 12-13 所示，添加视频。

步骤 03 点击第 1 段视频素材和第 2 段视频素材之间的转场按钮，如图 12-14 所示，添加转场特效。

步骤 04 弹出相应的面板，切换至“叠化”选项卡，如图 12-15 所示。

步骤 05 选择“云朵Ⅱ”选项，如图 12-16 所示。

步骤 06 点击“全局应用”按钮，将转场应用到全部视频中，如图 12-17 所示，点击确认按钮✓，确认操作。

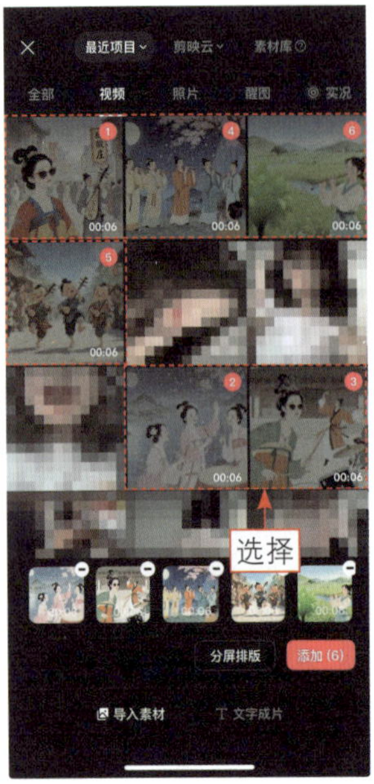

图 12-12　选择 6 段视频素材

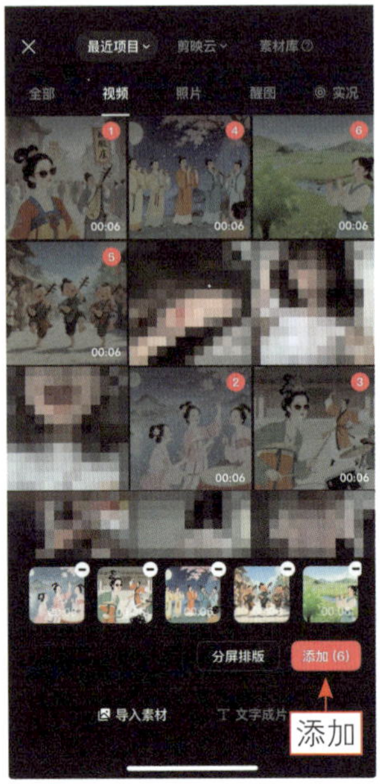

图 12-13　点击“添加”按钮

图 12-14　点击转场按钮

图 12-15　切换至“叠化”选项卡

图 12-16　选择“云朵Ⅱ”选项

图 12-17　点击相应的按钮

☆ 专家提醒

除了使用统一的转场特效，还可以根据视频的不同场景和风格，添加多样化的转场特效。

步骤 07 回到主界面，在视频的起始位置，点击“音频”按钮，如图 12-18 所示。

步骤 08 在弹出的二级工具栏中，点击“音乐”按钮，如图 12-19 所示。

步骤 09 在“音乐”界面中，点击搜索栏，输入并搜索“古人蹦迪”，如图 12-20 所示。

图 12-18　点击“音频”按钮

图 12-19　点击“音乐”按钮

图 12-20　输入并搜索

步骤 10 点击所选音乐右侧的“使用”按钮，如图 12-21 所示，添加音乐。

步骤 11 选择第 1 段视频素材，依次点击“变速”|“常规变速”按钮，调整视频播放速度为 1.6x，如图 12-22 所示。使用同样的操作方法，将剩下的 5 段视频的播放速度也调整为 1.6x。

步骤 12 拖曳时间轴至视频的末尾位置，如图 12-23 所示，选择音频素材。

步骤 13 点击“分割”按钮，分割音频素材，如图 12-24 所示。

步骤 14 点击“删除”按钮，删除多余的音频素材，如图 12-25 所示。

步骤 15 点击“导出”按钮，如图 12-26 所示，稍等片刻，即可保存 1 段有音乐的视频。

图 12-21　点击“使用”按钮

图 12-22　调整视频播放速度

图 12-23　拖曳时间轴

图 12-24　点击“分割”按钮

图 12-25　点击“删除”按钮

图 12-26　点击“导出”按钮

第 13 章
80 年代短视频创作：《怀旧客车》

在探索短视频创作多元宇宙的过程中，我们即将踏入一个充满复古情怀的领域——80 年代风格的短视频创作。本章一起开启《怀旧客车》的创作之旅，通过独特的视角和创意手法，重现那个时代的经典元素，感受怀旧与现代技术的完美融合。无论是复古的色调、经典的音乐，还是标志性的场景，都将在这段旅程中被一一呈现，带你穿越时光，重温那些美好的瞬间。

13.1 全流程效果展示：《怀旧客车》

【效果展示】：在生成图片的时候，可以进行画面规划。一般而言，在一个视频里，可以有多个镜头画面。以客车视频为例，通常包含等车、上车及坐车的画面，创作者可以在即梦 AI 手机版中输入相应的提示词，生成相应的图片，效果如图 13-1 所示。

图 13-1 效果展示

13.2　使用即梦AI以文生图

扫码看教学视频

通过文字，人们可以描绘出心中最美好的场景，而即梦 AI 则可以把这些文字转化为栩栩如生的画面。无论是梦幻般的仙境，还是充满未来感的城市，一切皆有可能。接下来一起见证文字如何在即梦 AI 的魔法下，化为令人惊叹的视觉盛宴。

下面介绍制作等车图片的操作方法。

步骤 01 打开即梦 AI 手机版，点击“想象”按钮，如图 13-2 所示，即可切换至“想象”界面。

步骤 02 进入“想象”界面，点击输入框，如图 13-3 所示。

步骤 03 ❶ 在输入框中输入相应的提示词；❷ 默认使用的模型为“图片 3.0”、比例为 9 ∶ 16，如图 13-4 所示。

图 13-2　点击“想象”按钮

图 13-3　点击输入框

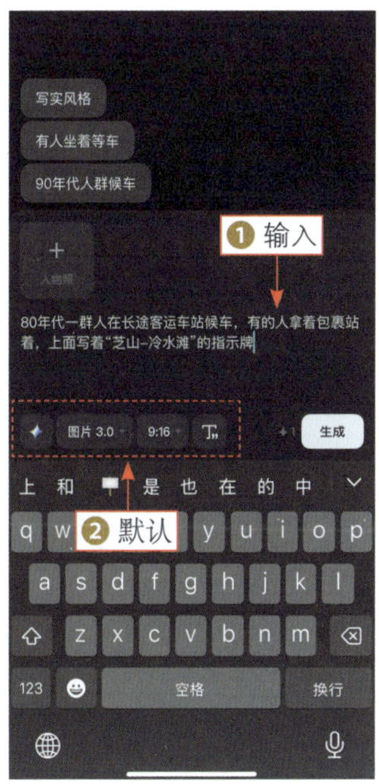

图 13-4　默认使用的模型

步骤 04 点击“生成”按钮，如图 13-5 所示。

步骤 05 稍等片刻，即可生成 4 张图片，如图 13-6 所示，选择相应的图片。

步骤 06 进入相应的界面，点击“超清”按钮，如图 13-7 所示，即可对图片进行超清处理。

步骤 07 选择超清图片并点击下载按钮![下载]，下载和保存图片，如图 13-8 所示。

步骤 08 使用相同的操作方法，生成剩下的 3 张图片，如图 13-9 所示。

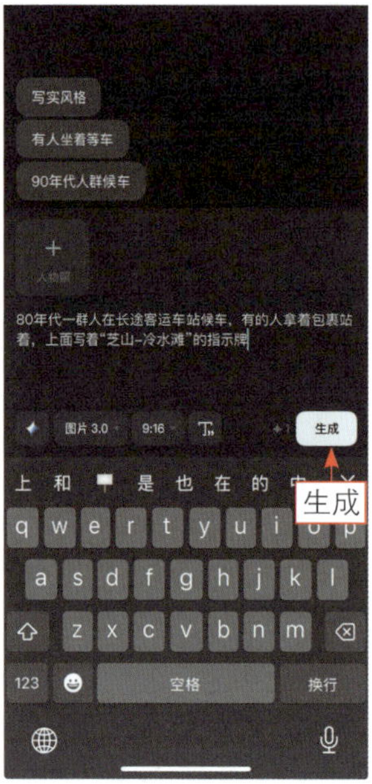

图 13-5　点击"生成"按钮

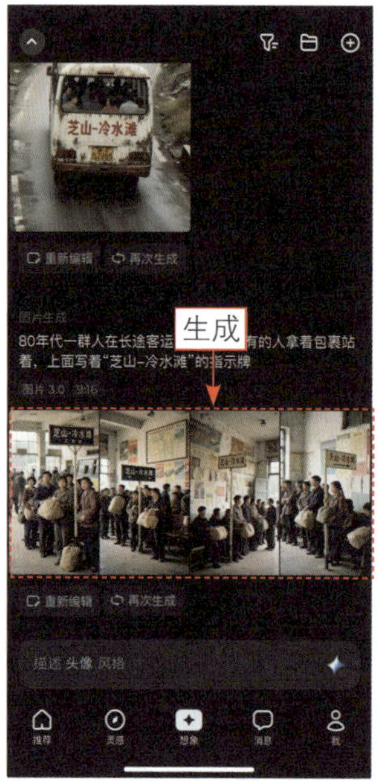

图 13-6　生成 4 张图片

图 13-7　点击"超清"按钮

图 13-8　点击下载按钮

图 13-9　生成剩下的 3 张图片

13.3　使用即梦AI以图生视频

扫码看教学视频

本节将借助即梦 AI 以图生视频功能，制作一段特别的“等车视频”。通过生动的画面和细腻的情感表达，将走进那些等待的瞬间，感受那份宁静与期待，也许还能从中发现不一样的美好。

下面介绍制作等车视频的操作方法。

步骤 01 在上一节的基础上，在即梦 AI 手机版中选择经过超清处理的图片，如图 13-10 所示。

步骤 02 进入相应的界面，点击“生成视频”按钮，如图 13-11 所示。

步骤 03 设置模型为“视频 3.0”、比例为 9 ∶ 16，如图 13-12 所示，设置视频的模型与尺寸比例。

图 13-10　选择经超清处理的图片

图 13-11　点击“生成视频”按钮

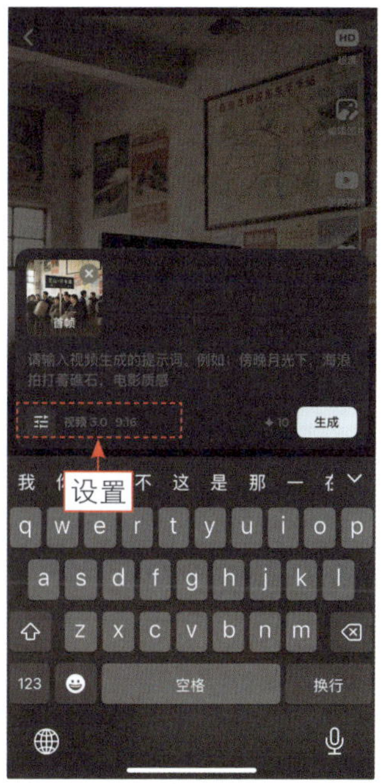

图 13-12　设置模型

步骤 04 点击“生成”按钮，如图 13-13 所示。

步骤 05 稍等片刻，即可生成 1 段视频，如图 13-14 所示，选择视频。

步骤 06 进入相应的界面，点击下载按钮，如图 13-15 所示。继续点击“保存到本地”和“有水印保存”按钮，把视频下载至手机中。之后使用相同的操作方法，生成剩下的 3 段视频。

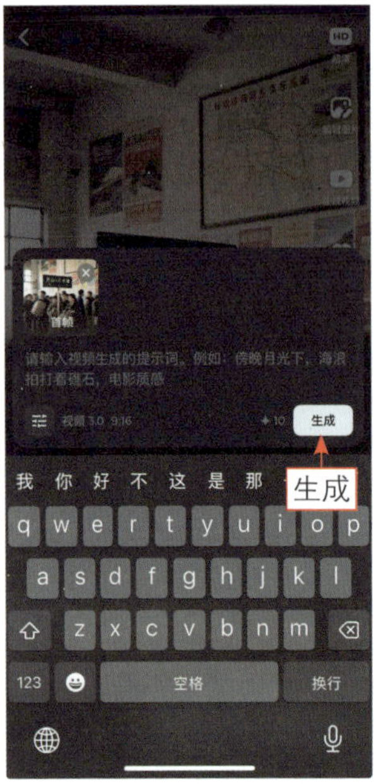

图 13-13　点击“生成”按钮

图 13-14　生成 1 段视频

图 13-15　点击下载按钮

☆ 专家提醒

为了进一步增强视频的真实感和沉浸感，创作者可以充分利用平台提供的功能。无论是自然环境的声音，如鸟鸣、风声、雨声，还是城市中的车水马龙、人群喧嚣等，都能为视频增添生动的听觉元素。

扫码看教学视频

13.4　在剪映中剪辑

在即梦 AI 中生成的视频是片段式的，需要在剪映中进行剪辑和拼接，才能制作出成一个完整的视频，如调整时长和添加转场。

下面介绍制作动态视频的操作方法。

步骤 01 打开剪映手机版，点击“开始创作”按钮，如图 13-16 所示。

步骤 02 在“相册胶卷”界面中依次选择 4 段视频素材，如图 13-17 所示。

步骤 03 点击“添加”按钮，如图 13-18 所示，添加视频。

步骤 04 ❶ 选择第 1 段等车视频；❷ 点击“变速”按钮，如图 13-19 所示。

步骤 05 在弹出的工具栏中点击“常规变速”按钮，如图 13-20 所示。

步骤 06 设置“变速”参数为 0.6x，减慢视频的播放速度，如图 13-21 所示。

图 13-16　点击“开始创作”按钮

图 13-17　选择 4 段视频素材

图 13-18　点击“添加”按钮

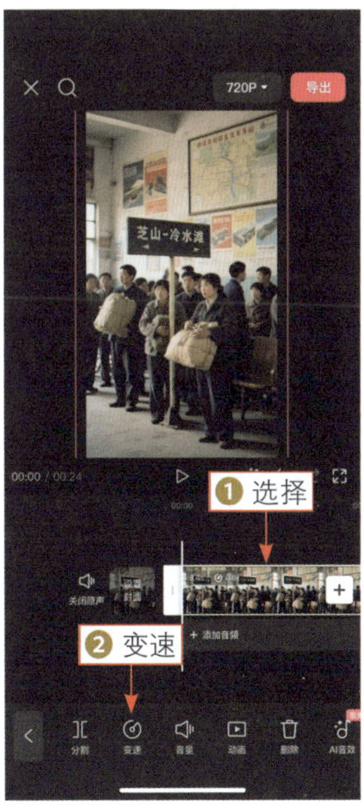

图 13-19　点击“变速”按钮

图 13-20　点击“常规变速”按钮

图 13-21　设置“变速”参数

步骤 07 ❶ 选中“智能补帧”复选框；❷ 点击确认按钮☑，如图 13-22 所示。

步骤 08 同理，调整剩下的 3 段视频素材的播放速度依次是 0.7x、0.6x 和 1.6x，如图 13-23 所示。

步骤 09 通过拖曳视频素材左右两侧白框的方式，调整其时长，使其时长依次是 3.4s、3.4s、3.3s 和 3.1s，如图 13-24 所示。

图 13-22　点击相应按钮☑

图 13-23　调整播放速度

图 13-24　调整视频时长

☆ 专家提醒

创作者可以根据自己的具体需求灵活设置视频的时长。无论是希望制作一个简短的预告片，还是一个完整的长视频，都可以通过调整视频编辑工具中的参数来实现。

步骤 10 点击第 1 段视频素材和第 2 段视频素材之间的转场按钮▯，如图 13-25 所示，添加转场特效。

步骤 11 弹出相应的面板，切换至“叠化”选项卡，如图 13-26 所示。

步骤 12 选择“叠化”选项，如图 13-27 所示。

步骤 13 点击“全局应用”按钮，如图 13-28 所示，点击☑按钮，添加转场。

步骤 14 如果不想添加音乐，即可点击“导出”按钮，如图 13-29 所示，即可保存视频。

图 13-25　点击转场按钮

图 13-26　切换至“叠化”选项卡

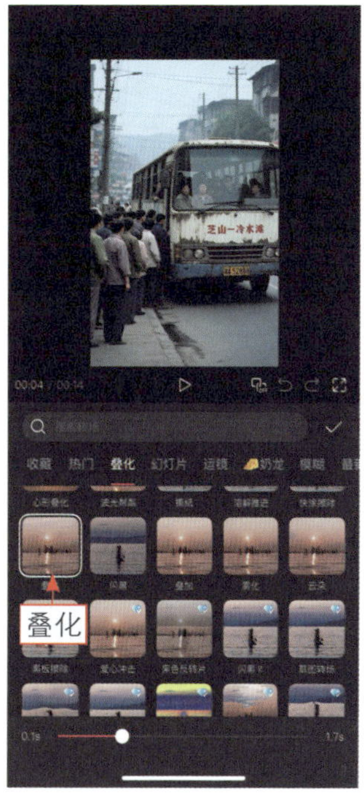

图 13-27　选择“叠化”选项

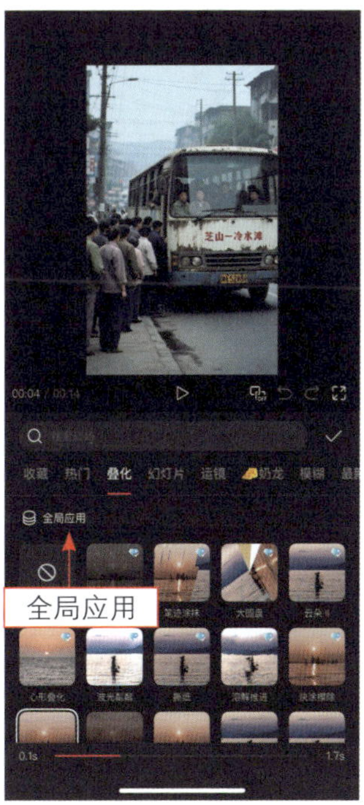

图 13-28　点击“全局应用”按钮

图 13-29　点击“导出”按钮

13.5　在剪映中添加音乐

扫码看教学视频

一个怀旧的视频必不可少的就是合适的音乐，通过在剪映曲库中搜索音乐，为视频添加一首怀旧音乐，可以增强氛围。

下面介绍添加音乐的操作方法。

步骤 01 回到主界面，将时间轴放在视频的起始位置，点击“音频”按钮，如图 13-30 所示。

步骤 02 在弹出的二级工具栏中，点击“音乐”按钮，如图 13-31 所示。

步骤 03 在“音乐”界面中点击搜索栏，输入并搜索“80 后经典老歌”，如图 13-32 所示。

图 13-30　点击“音频”按钮

图 13-31　点击“音乐”按钮

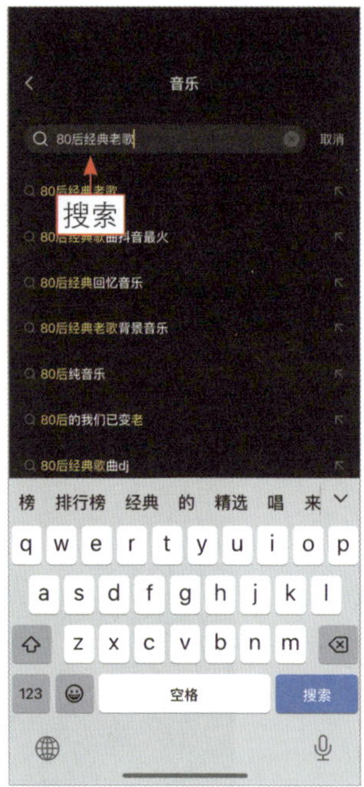

图 13-32　输入关键词并搜索

☆ 专家提醒

在制作视频时，创作者可以直接应用喜欢的歌曲，可以更快地提升制作效果。

步骤 04 点击所选音乐右侧的“使用”按钮，如图 13-33 所示，添加音乐。

步骤 05 拖曳时间轴至视频的末尾位置，如图 13-34 所示。

步骤 06 点击“分割”按钮，分割音频素材，如图 13-35 所示。

步骤 07 点击“删除”按钮，删除多余的音频素材，效果如图 13-36 所示。

步骤 08 点击“导出”按钮，如图 13-37 所示，即可保存有音乐的视频。

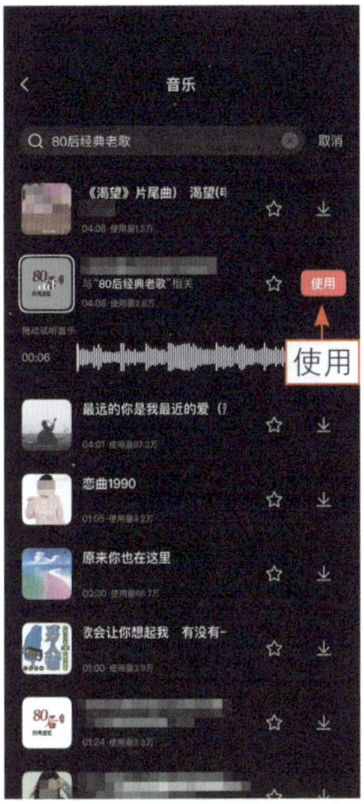

图 13-33　点击“使用”按钮

图 13-34　拖曳时间轴

图 13-35　点击“分割”按钮

图 13-36　点击“删除”按钮

图 13-37　点击“导出”按钮

第 14 章
3D 故事立体书的创作：《神话故事》

当古老的神话故事以 3D 立体书的形式呈现在眼前时，仿佛打开了一个奇幻的异世界大门。翻动书页，栩栩如生的神灵、奇幻的场景跃然纸上，立体的呈现效果让古老的传说焕发出全新的魅力。接下来让我们继续深入这本书的奇幻世界，去探寻更多神秘的故事，感受 3D 立体书带来的沉浸式阅读体验，让神话故事在我们心中留下更加深刻而生动的印记。

14.1　全流程效果展示：《神话故事》

【效果展示】：本节将在创意与传统文化的交汇点上，开启一场独特的创作之旅——3D 故事立体书的创作。本节将以《神话故事》为主题，深入剖析其全流程创作，从构思创意、设计画面，到制作立体结构，每一步都充满挑战与惊喜。下面就让我们一起走进这个充满奇幻与智慧的世界，用双手和创意赋予古老神话全新的生命力，让每一个翻开这本书的人都能身临其境，感受神话的魅力，效果如图 14-1 所示。

图 14-1

图 14-1　效果展示

14.2　使用即梦AI以文生图

扫码看教学视频

在文字与图像的交汇点上，即梦 AI 的文生图功能为创作者打开了一扇通往创意新世界的大门。它仿佛一位神奇的画师，能够精准地捕捉文字中的每一个细节，将创作者脑海中的想法转化为栩栩如生的画面。只需用文字描绘出心中的想法，无论是细腻的情感、宏大的场景，还是抽象的概念，即梦 AI 都能将其具象化，让想象不再局限于文字的边界。

对创作者来说，即梦 AI 的文生图功能不仅仅是一个工具，更是一个激发创作者灵感的伙伴。它能够帮助创作者突破传统的创作限制，让每一个创意都能以最直观的方式呈现出来。无论是初学者还是经验丰富的艺术家，都能通过即梦 AI 找到新的创作灵感，探索未知的创意领域。

下面介绍使用即梦 AI 以文生图的操作方法。

步骤 01 进入即梦 AI 的“想象”界面，点击下方的输入框，输入相应的提示词，如图 14-2 所示，指导 AI 生成指定的内容。

步骤 02 点击“生成”按钮，即可生成 4 张效果图，如图 14-3 所示，如果对效果不满意，可以重新生成 4 张效果图。

步骤 03 点击一张满意的图片，放大图片，如图 14-4 所示。

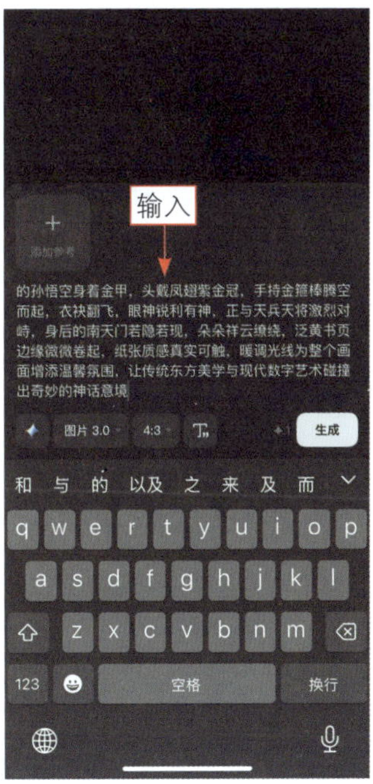

图 14-2　输入相应的提示词

图 14-3　点击“生成”按钮

图 14-4　点击满意的图片

步骤 04 点击右上角的“超清”按钮，如图 14-5 所示，提升图片的清晰度。

步骤 05 稍等片刻，即可生成一张超清效果图，如图 14-6 所示，使用相同的操作方法，即可生成剩下的 5 组超清图。

图 14-5　点击“超清”按钮

图 14-6　生成一张超清效果图

14.3　使用即梦AI以图生视频

扫码看教学视频

接下来借助即梦 AI 的图生视频功能，踏上一场奇妙的视觉创作之旅。通过即梦 AI，把文字中的想象转化为栩栩如生的画面，将创意在眼前灵动地展现出来。

下面介绍在即梦 AI 手机版中制作神话故事视频的操作方法。

步骤 01 在上一节的基础上，在即梦 AI 手机版中选择经过超清处理的图片，如图 14-7 所示。

步骤 02 进入相应的界面，点击“生成视频”按钮，如图 14-8 所示，让图片变成一段视频。

步骤 03 设置模型为“视频 3.0”、比例为 4 ∶ 3，如图 14-9 所示。

步骤 04 ❶ 输入相应的提示词；❷ 点击“生成”按钮，如图 14-10 所示。

步骤 05 稍等片刻，即可生成一段视频，如图 14-11 所示，选择视频，然后保存视频。使用同样的方法再生成 5 段视频。

图 14-7　选择经超清处理的图片

图 14-8　点击“生成视频”按钮

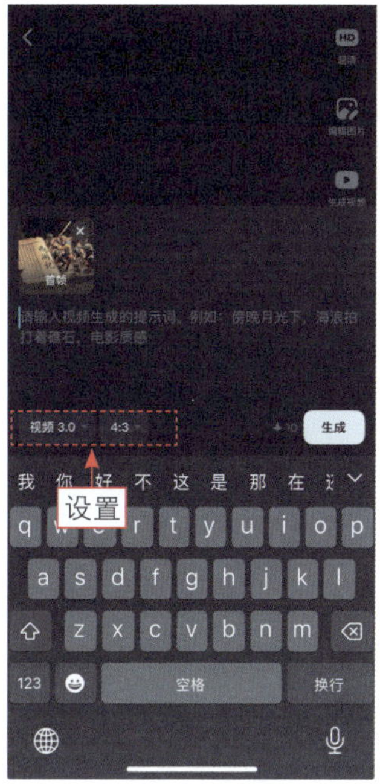

图 14-9　设置模型

图 14-10　点击“生成”按钮

图 14-11　生成一段视频

14.4 剪映后期制作

扫码看教学视频

下面介绍在剪映手机版中剪辑神话故事视频的操作方法。

步骤 01 在上一节的基础上，将 6 段视频保存至手机中，打开剪映手机版，进入“剪辑”界面，点击“开始创作”按钮，如图 14-12 所示。

步骤 02 在“最近项目”界面中依次选择 6 段视频素材，如图 14-13 所示。

步骤 03 点击“添加”按钮，如图 14-14 所示，添加视频。

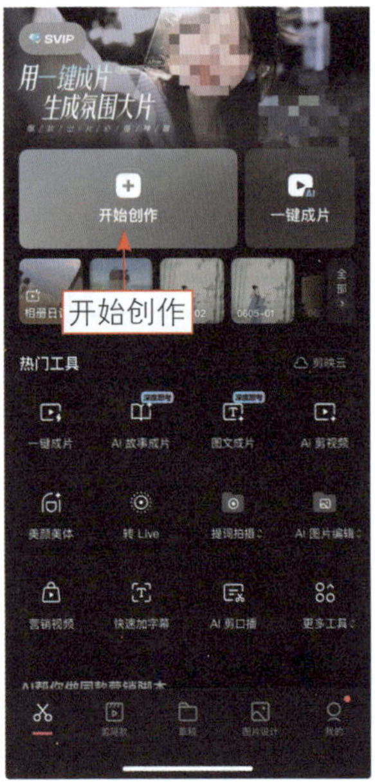

图 14-12 点击“开始创作”按钮

图 14-13 选择 6 段视频素材

图 14-14 点击“添加”按钮

步骤 04 点击第 1 段视频素材和第 2 段视频素材之间的转场按钮，如图 14-15 所示，添加转场特效。

步骤 05 弹出相应的面板，切换至“叠化”选项卡，如图 14-16 所示。

步骤 06 选择“波光粼粼”选项，如图 14-17 所示，即可给视频素材添加一个转场特效。

步骤 07 点击“全局应用”按钮，将转场应用到全部视频中，如图 14-18 所示，点击确认按钮，确认操作。

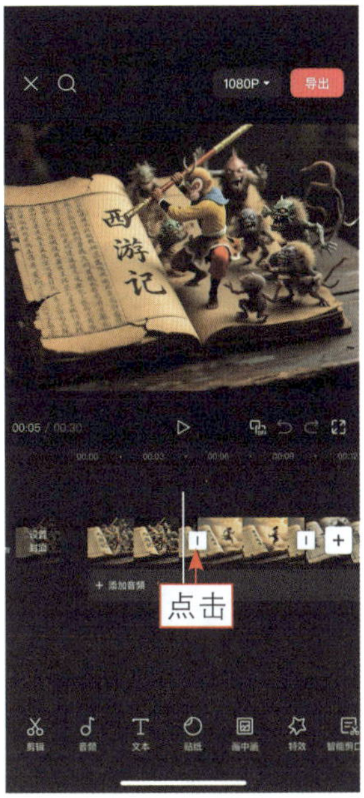

图 14-15　点击转场按钮

图 14-16　切换至“叠化”选项卡

图 14-17　选择“波光粼粼”选项

步骤 08 ❶ 选择第 1 段视频素材；❷ 点击“变速”按钮，如图 14-19 所示。

步骤 09 在弹出的工具栏中，点击“常规变速”按钮，如图 14-20 所示。

图 14-18　点击“全局应用”按钮

图 14-19　点击“变速”按钮

图 14-20　点击相应的按钮

步骤 10 设置“变速”参数为 1.6x，调整视频的播放速度，如图 14-21 所示。

步骤 11 点击确认按钮☑，如图 14-22 所示，确认操作。

步骤 12 同理，调整剩下的 5 段视频素材的播放速度为 1.6x，如图 14-23 所示。

图 14-21　设置“变速”参数

图 14-22　点击确认按钮☑

图 14-23　调整其他视频素材的播放速度

☆ 专家提醒

在创作视频的过程中，创作者可以根据自身需求灵活调整视频的播放速度。以 1.6x 为例，加快视频节奏可以突出关键动作，让内容更加紧凑。

而放慢速度则能让观众更细致地感受画面细节，增强情感表达。这种速度调整功能为创作者提供了更多创意空间，帮助他们更好地掌控视频的叙事节奏，满足不同场景和风格的需求。

步骤 13 调整第 1 段视频和第 5 段视频的时长为 2s，如图 14-24 所示。

步骤 14 回到主界面，在视频的起始位置，点击“音频”按钮，如图 14-25 所示。

步骤 15 在弹出的二级工具栏中，点击“音乐”按钮，如图 14-26 所示。

步骤 16 在“音乐”界面中点击搜索栏，输入并搜索“激烈紧张背景音乐”，如图 14-27 所示。

步骤 17 点击所选音乐右侧的“使用”按钮，如图 14-28 所示，添加音乐。

步骤 18 拖曳时间轴至视频 2s 位置，如图 14-29 所示。

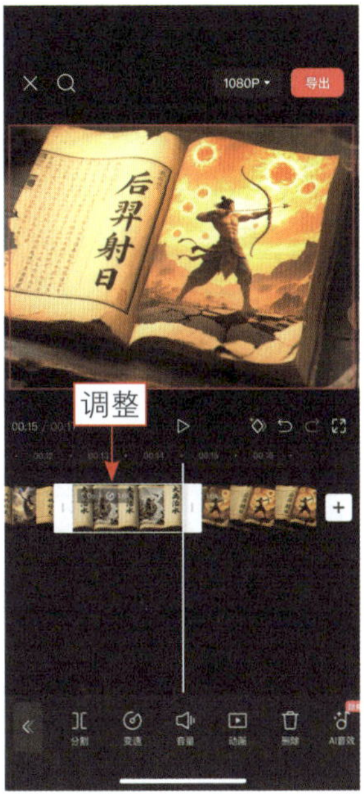

图 14-24　调整时长

图 14-25　点击“音频”按钮

图 14-26　点击“音乐”按钮

图 14-27　输入关键词并搜索

图 14-28　点击“使用”按钮

图 14-29　拖曳时间轴

☆ 专家提醒

在为视频添加音频之前，创作者需要先确认时间轴是否位于视频的起始位置。如果时间轴没有对准起始点，就会将音频直接添加到时间轴当前所在的位置，而不是视频的开头。这可能会导致音频与视频画面不同步，影响整体的观看体验。为了避免出现这种情况，建议在添加音频前仔细检查时间轴的位置，确保音频能够准确地从视频开头播放。

步骤 19 点击“分割”按钮，分割音频，如图 14-30 所示，选择第 1 段音频。

步骤 20 点击“删除”按钮，删除多余的音频，如图 14-31 所示。

步骤 21 将剩下的音频拖曳至视频的起始位置，如图 14-32 所示。

图 14-30　点击“分割”按钮

图 14-31　点击相应的按钮

图 14-32　将剩下的音频拖曳至起始位置

☆ 专家提醒

创作者在处理音频时，也可以选择保留前面的音频片段。不过，如果觉得前面部分过于空旷，缺乏内容支撑，那么适当删掉一小节音频，可以让整体音频更加紧凑，避免冗余，使音频内容更加聚焦，更好地服务于视频的主题和节奏。这种灵活调整音频片段的做法，能够提升作品的整体质感，让观众的听觉体验更加舒适。

步骤 22 ❶ 拖曳时间轴至视频末尾位置；❷ 选择音频，如图 14-33 所示。

步骤 23 点击“分割”按钮，分割音频，如图 14-34 所示。

步骤 24 点击“删除”按钮，删除多余的音频，效果如图 14-35 所示，让视频画面与音频保持一致性。

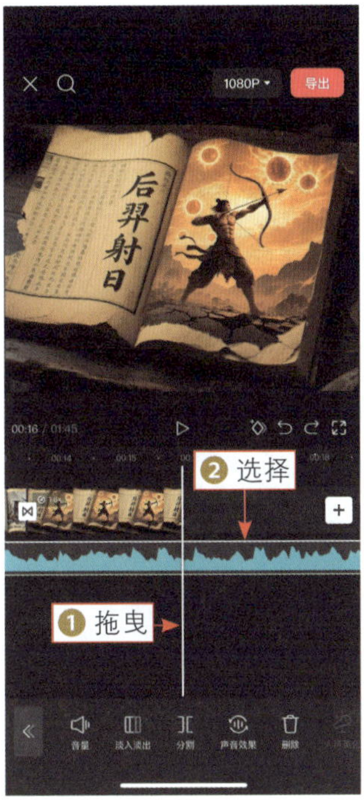

图 14-33　拖曳时间轴

图 14-34　点击“分割”按钮

图 14-35　删除多余的音频

☆ 专家提醒

在完成音频的删除操作后，创作者最好仔细检查一遍视频，确保音频的处理达到了预期效果。

有时候，在删除音频片段的过程中，可能会不小心保留过多的音频内容，这不仅会影响视频的流畅性，还可能让观众感到困惑。通过再次查看视频，可以及时发现并修正这些问题，确保音频与视频画面的完美同步，让观众获得更加连贯和舒适的观看体验。

这一步骤虽然简单，但却能显著提升作品的整体质量，是视频制作中不容忽视的重要环节。

步骤 25 点击播放按钮▷，查看视频的制作效果，如图 14-36 所示。如果对视频效果不满意，可以对其进行修改。

步骤 26 点击“导出”按钮，如图 14-37 所示，即可将制作好的视频导出至手机相册中。

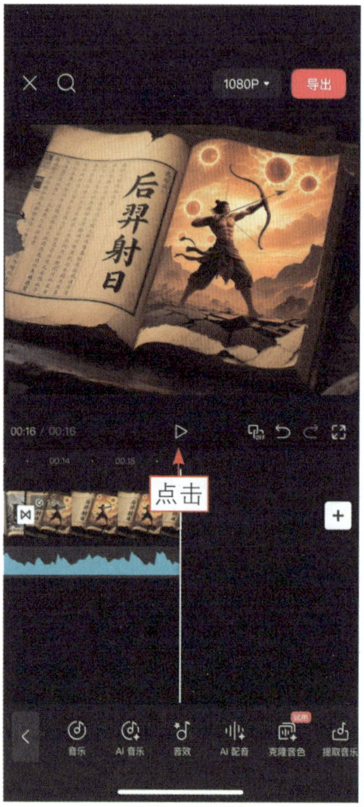

图 14-36　点击播放按钮▷

图 14-37　点击“导出”按钮